# 仙居的生物多样性
# 和国家代表性

**浙江台州市生态环境局仙居分局组织编写**

苏 杨　牟昆仑　顾婧婧　柯 琪　张 哲　刘 灿
苏红巧　赵鑫蕊　编著

学苑出版社

**图书在版编目（CIP）数据**

仙居的生物多样性和国家代表性 / 浙江台州市生态环境局仙居分局组织编写；苏杨等编著 . -- 北京：学苑出版社，2025. 3. -- ISBN 978-7-5077-7178-7

I . Q16

中国国家版本馆 CIP 数据核字第 2025WC4625 号

出 版 人：洪文雄
责任编辑：许　力　周　鼎
出版发行：学苑出版社
社　　址：北京市丰台区南方庄 2 号院 1 号楼
邮政编码：100079
网　　址：www.book001.com
电子信箱：xueyuanpress@163.com
联系电话：010-67601101（营销部）、010-67603091（总编室）
印　刷　厂：北京兰星球彩色印刷有限公司
开本尺寸：710mm×1000mm　　1/16
印　　张：17.25
字　　数：290 千字
版　　次：2025 年 3 月第 1 版
印　　次：2025 年 3 月第 1 次印刷
定　　价：149.00 元

## 封面说明

浙江省仙居县的多样性图景：火山流纹岩地貌背景中的农耕景象，叠加了杨梅、小麂、角原矛头蝮、中华穿山甲、黄腹角雉、南方红豆杉，意蕴仙居的物种多样性和农业生物多样性、地质多样性并存。

A typical scenary of biodiversity and landscape diversity in Xianju county of Zhejiang province, farming scene with the background of Volcanic rhyolite, rare species distributed in Xianju are displayed in the scene, include waxberry, reeves'muntjac, protobothrops cornutus, pangolin, yellow-bellied tragopan, taxus chinensis.

# 前言：
# 从仙居开始全面了解生物多样性

本书是由国务院发展研究中心管理世界杂志社咨询研究部团队牵头完成的"国家公园、《生物多样性公约》与区域绿色发展"丛书的第一本。本书的部分内容看似一本生物多样性主题的地方性图册，却是一本科普知识、政策分析和仙居县情的合集，比较全面地展示了生物多样性工作并从仙居县域层面说明了这些工作如何落地以及生物多样性资源的一般情况、相关故事。从科普知识角度而言，主要说明生物多样性不只是大众心目中的珍稀动物——那只是三个层次的生物多样性中的物种多样性的一角；从政策分析角度而言，主要说明生物多样性工作为什么难以做好——尤其在县级；从仙居县情角度而言，主要说明仙居的生物多样性资源丰富且生物多样性工作具有一定的国家代表性——尽管仙居没有真正的国家公园[①]且在联合国《生物多样性公约》履约中没有特别的国家地位。

对大多数人而言，仙居就是一个风景还不错的浙江山区县，和物种有关最出名的是仙居杨梅。不仅大众，即便是生态环境相关行业的人员也大多认

---

① 仙居国家公园是原环境保护部在2014年批复试点建设的，2015年未被列入中央的国家公园体制试点区，预计其将在浙江省完成自然保护地整合优化工作后被撤销。但从2015年迄今的10年间，仙居国家公园是一个边界清晰的管理范围（301.89平方千米，占仙居县域面积超过15%，这个指标迄今仍在浙江省领先），仙居国家公园管理委员会对其进行统一的管理，其生物多样性资源和生物多样性工作都具有相对独立性，尤其在国际合作、资源普查和项目实施上具有在全国县域层面领先的系统性和国际接轨性。考虑到本书的内容主要是对仙居既有的生物多样性资源和工作进行介绍和分析，所以在内容安排中还是将仙居国家公园作为一个相对独立的单元。

为，在国家层面，仙居的生物多样性似乎不值一提：既没有超凡的国家地位，也没有显赫的学术成果，甚至没有明星物种和网红打卡地。实际上，仙居的生物多样性资源和生物多样性工作都有一定的国家代表性和国家代表性层次上的亮点，读者从本书开始可以全面了解生物多样性和国家、国际层面的生物多样性工作并在其中发现仙居真正的价值。

首先看仙居的生物多样性资源。仙居县位于浙江省东南丘陵山区，属于中国生物多样性保护优先区域范围中的"武夷山生物多样性保护优先区域"，是浙江省 26 个山区县之一，面积约 2000 平方千米（与深圳市域面积相仿）。在三个层次的生物多样性中，仙居的物种多样性在浙江是领先的[①]，基因多样性则有较好的产出——特色农业发达的仙居较好地应用了基因资源，而广布的火山流纹岩、在区域代表性强的森林和湿地生态系统以及作为重要的水源地使得仙居的生态系统多样性在浙江南部也具有重要的景观价值和生态屏障功能。本丛书中的两本（《仙居的生物多样性和国家代表性》《两栖爬行动物的环境指示作用及其在仙居国家公园的体现》）比较全面地展示了仙居的物种多样性，也兼顾了其与农业结合密切的基因多样性和在浙江较有特色的生态系统多样性。

比资源状况更有国家代表性的是仙居的生物多样性工作，仙居在生物多样性工作上的国家代表性表现为其工作的超前性（国家任务、市县有责）和初步的系统性、国际接轨性。

---

① 仙居县具有在华东地区较为丰富的野生动植物资源，截至 2024 年共记录到动植物 462 科 2786 种，其中国家重点保护野生动物 50 种、国家重点保护野生植物 32 种；维管束植物 161 科 656 属 1440 种，分别占浙江产维管束植物科的 72.2%，属的 44.9%，种的 29.6%。仙居国家公园所在的淡竹乡的俞坑和朱沙坑保存有 30~40 平方千米的亚热带常绿阔叶林原始林。从全国而言，仙居县算不上生物多样性宝库，但无论是从其在华东地区的相对水平还是从其 5 年前就基本摸清了生物多样性家底来看，仙居的生物多样性和生物多样性工作称得上是"合格 + 特长"，即浙江省其他地方有的重要陆生动物仙居基本上都有，但仙居在生物多样性工作上、在生物多样性国际合作上以及在农业生物多样性资源利用上有国家层面的特长，因此值得本书冠以"国家代表性"来展示。

# 前言：从仙居开始全面了解生物多样性

联合国《生物多样性公约》①有三大目标，可简述为保护生物多样性、可持续利用其组成部分以及公平合理分享由利用遗传资源而产生的惠益。在我国，生物多样性保护已成为生态文明建设的重要内容之一，可持续利用和惠益分享对于生物多样性保护十分重要，能够为生物多样性保护提供正向激励，但目前我国在各级政府层面布置的生物多样性相关工作与公约三大目标有效平衡的要求仍存在差距。不仅如此，在县域层面，全国的普遍情况是生物多样性工作基本无人知晓，县级层面领导不了解甚至未听说生物多样性的是大多数。即便在 COP15（《生物多样性公约》第十五次缔约方大会）召开已近四年、"昆蒙框架"②已经在中国转化为《中国生物多样性保护战略与行动计划（2023—2030 年）》（*The China National Biodiversity Conservation Strategy and Action Plan*，在本书中简称为中国的《行动计划》）这样的国家目标并已经更好地体现了统筹完成公约三大目标的情况下③。在县级层面完成国际履约工作，基本情况是除非国际履约工作转化为责任明确、奖惩分明的国家任务，否则多数工作就只会体现在上报材料中。出现这种情况的原因是有效的国际公约中国履约模式有两种：①自上而下的主导模式，较为普遍。这种模式利用"集中力量办大事"的政治体制将国际公约目标转化为层层传导的各级党委政府目标，使国际公约目标成为自上而下、各级多方合力的国家考核任务（联

---

① 《生物多样性公约》（*Convention on Biological Diversity*）是一项保护地球生物资源的国际性公约，于 1992 年 6 月 1 日在内罗毕由联合国环境规划署发起的政府间谈判委员会第七次会议通过。中国于 1992 年 6 月 11 日签署该公约，公约于 1993 年 12 月 29 日对中国生效。具体参见本书第一章的概念解释。
② 《生物多样性公约》第十五次缔约方大会（COP15）第二阶段会议 2022 年 12 月 19 日凌晨通过"昆明－蒙特利尔全球生物多样性框架"（简称"昆蒙框架"），为今后直至 2030 年乃至更长一段时间的全球生物多样性治理擘画了新蓝图。
③ 《行动计划》较好地对标了"昆蒙框架"的行动目标，平衡了《生物多样性公约》的三大目标，在生物多样性可持续利用与惠益分享优先领域下设置了 6 个优先行动和 19 个优先项目，坚持"绿水青山就是金山银山"理念，通过特色生物资源开发、可持续管理、遗传资源获取与惠益分享，以及传统知识的保护与传承等，将农业、生态和城镇统筹考虑，探索生态产品价值实现的可能路径。

合国《气候变化框架公约》的"巴黎协定"①转化为中国的"双碳目标"就属于此类）。②上下结合的模式，部分体现了自下而上的主动性②（在对《保护世界文化与自然遗产公约》等履约上效果也好），但这种主动性来自市场经济可能带来的履约回报和局域的政绩认可制度（即潜在的经济利益和政治利益），因此这种履约模式反而在中国的适用范围有限。但完成《生物多样性公约》的"昆蒙框架"目标，相关情况与"双碳目标"有两方面不同：①《生物多样性公约》的目标与国土空间紧密关联，很难覆盖到全部国土和所有行业，而只能主要依托对生物多样性保护而言价值重大的区域和行业。中国在这方面有较好的基础——主体功能区对全国的国土空间进行了划分，其三类分区（重点生态功能区、农产品主产区、城市化地区）大体以县级行政区为基本单元。因为有不同的主体功能区定位，保护地面积占比较高的非重点生态功能区的县与完成数量总体目标关系不大，但对支持重点生态功能区意义较大，且三类区域都有其范围内的生态保护红线发挥保护作用。②在履约上没有形成标准的国际公约的中国履约模式。目前即便是作为重点生态功能区的县和保护地占比较高的县，因为"昆蒙框架"没有如联合国《气候变化框架公约》那样转化为有保障机制的国家任务（即"双碳目标"），其不仅没有与中国有执行力的体制衔接，甚至基本不为县级领导所知。对大多数县级领导而言，在生态方面其关注的问题，仍然只是中央生态环保督察的关注点。

全国面上情况是这样，仙居的生物多样性工作在这方面也具有"国家代表

---

① 《巴黎协定》（*The Paris Agreement*）是由全世界178个缔约方共同签署的气候变化协定，是对2020年后全球应对气候变化的行动做出的统一安排。《巴黎协定》的长期目标是将21世纪全球平均气温较前工业化时期上升幅度控制在2摄氏度以内，并努力将温度上升幅度限制在1.5摄氏度以内。
② 截至2024年，中国已有59项世界遗产列入联合国《世界遗产名录》，成为世界遗产数量增长最快的国家。与联合国《气候变化框架公约》的响应机制有所差异，中央基本未对各地采取三方面自上而下的主导手段（具体分析参见本书第二章2.2节）。在中国的世界遗产申请中，市县级政府对世界遗产申报具有较强的积极性并成为推动执行的主导力量，这背后的原因是地方政府往往考虑到本地景区入选世界遗产名单后区域可能获得的潜在经济利益和政治利益。

性"——体制机制上类似因而在完成"昆蒙框架"目标上不可能有完成"双碳目标"那样的系统性和力度。即便如此,也能找到仙居生物多样性工作在全国相对领先的若干方面的亮点:①2013 年成功创建国家级生态县,2014 年被原环境保护部发函批准开展国家公园试点(2015 年划定的仙居国家公园占全县面积比例超过 15%),并发布了全国首个县级的《仙居县生物多样性保护行动计划》①,颁布了全国首个《国家公园全域禁猎令》②。2020 年,仙居被列入浙江省第一批自然保护地整合优化试点县。2023 年,国家林业和草原局发布《陆生野生动物重要栖息地名录(第一批)》,仙居国家公园内的仙居括苍山兽类鸟类及爬行类重要栖息地入列其中。②到 2024 年,仙居县已建成了全县域生物多样性数据库和信息平台,形成生物多样性监管"一张图",完成了两轮仙居国家公园范围内野生动植物的本底调查,验证了中华穿山甲、黑麂、黄腹角雉、白颈长尾雉等国家一级保护物种在仙居的分布,还完成了 20 个濒危物种的专项调查并形成调查报告,发现了仙居角蟾、仙居多足摇蚊、仙居狭摇蚊、仙居马诺亚摇蚊、仙居刺齿跳、仙居边框桥弯藻、仙居紫菀、仙居油点草、仙居鼠尾草、神仙居百合等 10 个以仙居命名的新物种(其中有代表性的物种的照片陈列在本书第三篇中)。③与联合国环境规划署交流合作,发布仙居国家公园生态系统服务价值(GEP);利用全球环境基金赠款,实施国内首个县级单位的生物多样性碳汇项目等。④另外,仙居积极推动绿色发展③,在仙居国家公园主体所在的淡竹乡创造了"三绿"治理模式,即通过绿色公约和

---

① 这是 2010 年中国颁布《中国生物多样性保护战略与行动计划(2011—2030 年)》后全国第一个进行响应的县级行动计划,显示了国家任务、市县有责。尽管其后因为体制机制原因,这个行动计划的执行状况难称完美(具体参见本书第二章、第六章的分析),但在全国的县级层面是领先的。
② 2014 年,仙居县在全国率先发布县级生物多样性保护行动计划《仙居县生物多样性保护行动计划(2015—2030 年)》。这个行动计划以仙居国家公园试点为抓手,设立仙居国家公园管理委员会,整合了国家级风景名胜区、国家级森林公园、省级自然保护区等 8 个保护园区及 23 个部门的相关管理职能,统一行使与生态保护相关的管理权;其后,仙居县又颁布《关于在仙居国家公园规划范围内设立禁猎区的决定》。
③ 仙居是浙江省唯一的县域绿色化发展改革试点县(2015 年 8 月浙江省政府发文批复)。

村规民约，使广大村民都成为乡村绿色治理的参与主体；通过探索绿色货币制度，使外来游客成为环境保护的积极参与者；通过创新绿色调解体系，有效推动乡贤和本地能人参与到乡村绿色治理中①。这些措施和创新，更统筹地体现了《生物多样性公约》保护、资源可持续利用和形成公平惠益分享机制的三大目标。仙居在生物多样性工作上还有一个重要的民间参与方式——仙居野生动物保护协会②。这个2018年成立的民间组织，已有100多名会员，已收容、救护、放归野生动物近400次600只（其中包括中华穿山甲、红隼、小麂、松雀鹰、凤头鹰、草鸮等多种国家一、二级保护动物，照片均陈列在本书第三篇中），因此获得了2023年"最美浙江人·最美环保人"的荣誉。

而且，仙居在特色农业方面的生物多样性工作更为出色，尤其特色水果杨梅，在品种（基因层次）、种养系统（生态系统层次）上均体现了国家代表性，在以产业形式保护生物多样性上则统筹契合了联合国《生物多样性公约》的三大目标："浙江仙居古杨梅群复合种养系统"在2023年11月被联合国粮农组织认定为全球重要农业文化遗产。这是一种"梅—茶—鸡—蜂"有机结合的复合型山地农业模式，经过千年的发展与世代选育，在仙居积累了数量众多、类型多样、品种丰富、谱系完整的古杨梅种质资源：目前仍保留着13425株百年以上的古杨梅树，特有的杨梅品种达到11种。这些独特的品种不仅让仙居的杨梅鲜果产值位居全国第一，还为仙居古杨梅群复合种养系统的保护与传承提供了坚实的基础。而且，"浙江仙居古杨梅群复合种养系统"还是地质多样性和生物多样性相得益彰的典型：仙居是世界上最大规模的火山流纹岩地貌分布区之一，这种地貌本不适合常规农作物的生长，但仙居先民不仅发现了这种地貌适合种植杨梅，还发展了以"梅—茶—鸡—蜂"为核心的农业

---

① "三绿"治理模式的相关介绍和分析详见以下文章：苏杨，潘智文. 通过构建美丽乡村治理模式实现乡村绿色振兴——基于浙江仙居国家公园经验[J]. 环境保护，2018(8):59-62。
② 实际上，仙居还有仙居登山协会、正能量义工服务队等社会组织也参与了仙居国家公园的生物多样性调查、环保宣传等工作，这在全国的县域是罕见的。

生态系统。在农业生物多样性上体现了地方基因优势、工作成就并被国家地理标志商标认可的还有仙居鸡等多个产业①，其不仅保护了生物多样性，还发展出了确保资源可持续利用和形成公平惠益分享机制的产业，完美地契合了《生物多样性公约》的三大目标（这两个案例的相关介绍参见本书第五章）。

除了这些，在县级层次的生物多样性工作上，仙居还难得地体现了国际化：2016年，在国家发改委、财政部下达的当年外国政府贷款项目备选规划中，仙居获得法国开发署7500万欧元的低利率、20年的长期贷款——"仙居县域生物多样性保护和发展利用示范工程项目"成为浙江省首个法国开发署贷款项目。项目的内容包括了保护、资源可持续利用和形成生物多样性惠益公平分享机制三方面的内容，完美地契合了联合国《生物多样性公约》的三大目标。在这个法国政府贷款项目支持下，仙居的生物多样性工作全面落地。例如，项目的成果之一是浙江省第一座以区域生物多样性为主题的自然博物馆——仙居生物多样性博物馆，其在试运行两年后，于2024年5月22日（国际生物多样性日）正式开馆（具体情况详见第五章）；又如，项目支撑了多次生物多样性调查，仙居国家公园的生物多样性家底基本摸清，本书第三篇的诸多物种信息来自项目成果②。

总结起来，仙居从资源条件和《生物多样性公约》履约措施看，在全国的县域中较有代表性和先进性，也体现了初步的系统性和国际接轨性。

仙居的这些情况均集成于本书中。这些与生物多样性相关的林林总总的内容，使得本书明显区别于诸多已经出版的冠名"某地的生物多样性"的书籍，原因只是全面认识仙居的生物多样性资源和生物多样性工作须从国际履约和国家代表性角度，且如果只是以图谱形式罗列物种多样性层次的一些珍

---

① 截至2024年，仙居县已有"仙居杨梅""仙居鸡""仙居蜜梨""仙居花猪"等国家知识产权局认定的国家地理标志证明商标6个。
② 例如，在2019年仙居国家公园春季迁徙期鸟类调查中发现了多种鸟类，有的填补了其在仙居的分布记录空缺。

稀物种，远远不能反映生物多样性与人类发展之间的重要关系。本书因此分为三篇：生物多样性和相关国际公约的概念和中国履约模式；仙居的生物多样性资源、工作及其国家代表性；仙居的生物多样性资源图谱及其仙居故事（包括动物、植物、大型真菌和农业多样性，动植物中只优选了保护级别高的或与仙居有密切关系的）。本书只有第三篇与既往的县域生物多样性书籍接近[①]，但还增加了"仙居故事"介绍，其他两篇（科普知识、政策分析）主要面对全国的读者，以使读者以仙居为例能系统认识国家层面的生物多样性工作如何在县域落地。

国务院发展研究中心管理世界杂志社的团队自2015年起就和浙江仙居国家公园管理委员会合作开展"仙居县域生物多样性保护和发展利用示范工程项目"的可行性研究，其后又陆续进行了多项国家公园体制机制和绿色发展方面的研究。十年来，正是在仙居的研究使得我们这个团队对国家公园、《生物多样性公约》和区域绿色发展有了统筹的理解，因此在学苑出版社出版"国家公园、《生物多样性公约》与区域绿色发展"丛书时以《仙居的生物多样性和国家代表性》《两栖爬行动物的环境指示作用及其在仙居国家公园的体现》来系统介绍，并在丛书的另外两本《国家公园、国家公园环带、OECMs和〈生物多样性公约〉履约》和《国家公园事权划分的理论和实践》中也有仙居的专章案例。

需要说明的是，这项工作是在台州市生态环境局仙居分局的组织下，在仙居县生态综合中心、仙居县环境保护监测站、生态环境部南京环境科学研究所和国务院发展研究中心管理世界杂志社咨询研究部前期成果的基础上合成的：前者的成果限于仙居县野生生物的一般性图片介绍和生物多样性概念

---

① 例如，江苏人民出版社于2022年7月出版的《仙居国家公园鸟类》（这也是法国开发署项目支持的成果），就只是对仙居国家公园鸟类多样性调查的简单总结和物种罗列。书中对每种鸟类按物种名称、保护级别、形态特征、生态习性和分布情况进行描述，但这些鸟类与仙居的生态保护工作、与仙居的经济社会发展的关系、与国际公约履约的关系等均无介绍，总体是一本浅显的图集。

阐释，需要将其放在生物多样性工作的背景中才有系统性和现实性，也需要将其放在国家层面和国际公约履约任务下才有全面性和指导性；后者的工作整合了两个团队既有的成果并第一次站在国家层面和国际履约高度来系统介绍仙居的生物多样性和生物多样性工作，这在全国的县域层面是首次。参与前者工作的有仙居县生态综合中心的牟昆仑、张哲、柯琪、彭军伟、赵梦婷、魏昌田，仙居县环境保护监测站的赵坚胜、彭秀华，仙居县生物多样性资源保护中心的顾婧婧、刘灿、刘大山，生态环境部南京环境科学研究所的多位研究人员和台州学院齐鑫教授。[①] 参与后者工作的团队成员包括：国务院发展研究中心管理世界杂志社苏杨、苏红巧、赵鑫蕊，中国科学院地质与地球物理研究所程成，德国马普研究所黄缘也，陕西省文化遗产研究院白海峰、湖北经济学院邓毅，清华大学方芳、高冰磊，玛多云享自然文旅公司王蕾，北京智多宝咨询公司李丹阳，北京巅峰智业旅游文化创意公司李树平等。北京迈普迅奇科技公司完成了本丛书的图片、地图和红外相机数据处理工作并将原神仙居国家地质公园的内容融入本书中。2015年主持完成《浙江仙居国家公园建设规划（2015—2025年）》的中国环境科学研究院朱彦鹏研究员为本书的资料搜集也提供了支持。国务院发展研究中心研究员林家彬和北京师范大学水科学研究院教授程红光对本丛书的内容进行了政策把关和学术把关。

本书和《两栖爬行动物的环境指示作用及其在仙居国家公园的体现》的相关研究、编写及资料和数据、图片、地图处理工作由国务院发展研究中心力拓基金项目和浙江省台州市生态环境局仙居分局"《仙居的生物多样性》《仙居县两栖爬行动物图鉴》图书编撰及刊印"项目支持。以下单位和浙江的相关领导、专家为这两本书以及本丛书提供了资料、调研支持和学术指导，在此一

---

① 另外，还有以下作者提供了本书中的大多数照片，特此致谢：丁利，丁国骅，马号号，东斯，孙骏威，朱滨清，吴延庆，林清贤，胡亚萍，徐爱春，雍凡，潘志祥，张忠东，赵圣军，吴少斌，匡中帆，赵坚胜，陈水飞。

并致谢：法国开发署驻华代表处、浙江省台州市生态环境局仙居分局、仙居国家公园管理委员会、仙居县自然资源和规划局、仙居县农业农村局、仙居县文化和广电旅游体育局、仙居县淡竹乡党委政府、白塔镇党委政府、田市镇党委政府、蟠滩乡党委政府、仙居生物多样性资源保护中心、仙居生物多样性博物馆、神仙居旅游集团；浙江省自然保护地联合会会长王章明、副会长吾中良，浙江省林业局程军茂处长、二级调研员虞建华。其中，2015年以来仙居县环境保护局（后为台州生态环境局仙居分局）的历任主要领导潘智文、徐荣伟、顾卫平、郑金鉴，仙居国家公园管理委员会的历任主要领导潘法祥、王利民、潘智文、吴宏伟，法国开发署驻华代表处时任首席代表邓博（Emmanuel Debroise）、高级项目经理金筱霆、项目经理徐睿对本书相关科研项目的立项、研究写作给予了特别的帮助，作者团队专致谢意。

苏杨　苏红巧　赵鑫蕊
2024年12月

# 目 录

■ **第一篇 生物多样性和相关国际公约的概念和中国履约模式**⋯⋯⋯⋯ 001
  第一章 生物多样性和联合国《生物多样性公约》的相关概念 ⋯⋯ 002
  第二章 《生物多样性公约》履约的中国模式 ⋯⋯⋯⋯⋯⋯⋯⋯⋯ 031

■ **第二篇 仙居的生物多样性资源、工作及其国家代表性**⋯⋯⋯⋯⋯⋯ 046
  第三章 仙居县既往以国家公园为抓手的生物多样性工作总结⋯⋯ 047
  第四章 仙居国家公园的生物多样性资源和相关工作⋯⋯⋯⋯⋯⋯ 050
    专栏1 神仙居国家地质公园⋯⋯⋯⋯⋯⋯⋯⋯⋯⋯⋯⋯⋯⋯ 052
    专栏2 以"仙居"命名的新物种⋯⋯⋯⋯⋯⋯⋯⋯⋯⋯⋯⋯ 058
  第五章 仙居生物多样性工作的国家代表性⋯⋯⋯⋯⋯⋯⋯⋯⋯⋯ 066
  第六章 发挥中国体制优势推动基层地方政府完成"昆蒙框架"的措
        施建议——以仙居为例⋯⋯⋯⋯⋯⋯⋯⋯⋯⋯⋯⋯⋯⋯⋯ 073

■ **第三篇 仙居的生物多样性资源图谱及其仙居故事**⋯⋯⋯⋯⋯⋯⋯ 077
  第七章 仙居的动物多样性⋯⋯⋯⋯⋯⋯⋯⋯⋯⋯⋯⋯⋯⋯⋯⋯ 078
  第八章 仙居的植物多样性⋯⋯⋯⋯⋯⋯⋯⋯⋯⋯⋯⋯⋯⋯⋯⋯ 207
  第九章 仙居的大型真菌多样性⋯⋯⋯⋯⋯⋯⋯⋯⋯⋯⋯⋯⋯⋯ 231
  第十章 仙居的农业生物多样性⋯⋯⋯⋯⋯⋯⋯⋯⋯⋯⋯⋯⋯⋯ 241
    专栏3 仙居的农业生物多样性与长江中下游早期稻作农业
          社会遗址⋯⋯⋯⋯⋯⋯⋯⋯⋯⋯⋯⋯⋯⋯⋯⋯⋯⋯⋯ 248

■ **附 件**：党的二十届三中全会《中共中央关于进一步全面深化改革、推
        进中国式现代化的决定》相关内容与《中国生物多样性保护战
        略与行动计划》《昆明-蒙特利尔全球生物多样性框架》的对比 252

# 第一篇

# 生物多样性和相关国际公约的概念和中国履约模式

# 第一章
# 生物多样性和联合国《生物多样性公约》的相关概念

以下内容涉及生物多样性和生物多样性工作的相关概念，本章以 22 个问题问答的方式阐释这些概念，其中特别结合了中国的情况，也为本书后面篇章中讲述仙居生物多样性及其国家代表性情况奠定了概念基础。

**1. 什么是生物多样性？**

根据联合国《生物多样性公约》的定义，生物多样性是指"所有来源的形形色色生物体，这些来源除其他外包括陆地、海洋和其他水生生态系统及其所构成的生态综合体；这包括物种内、物种之间和生态系统的多样性"。简言之，生物多样性是生物及其环境形成的生态复合体以及与此相关的各种生态过程的总和。它具有三个层次（见图1–1）。

第一层是遗传多样性，也可以称为基因多样性，它是指生物体内决定性状的遗传因子及其组合的多样性。我们肉眼看不到基因，但是它可以表现在物种性状上：比如杂交水稻就是利用植物遗传多样性最成功的例子之一（没有天然的雄性不育株，三系杂交法就只是理论而无法付诸实践）；又如狗是一个物种，但是狗的品种非常多，人工选育后的形态差异之大远胜过正常情况下物种之间的差别。任何一个物种或者生物个体都有自己的基因库（gene pool），丰富的基因有利于适应多变的环境，遗传多样性是生命进化和物种分化的基础，帮助形成物种多样性。

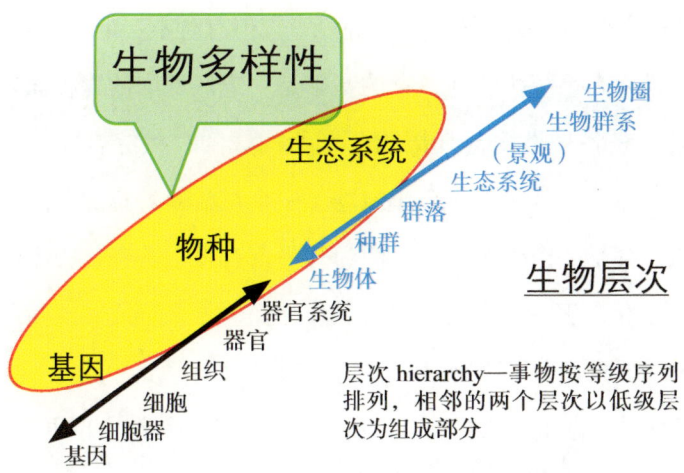

图1-1 生物多样性的三个层次及相关概念在其中的对应分布

第二层是物种多样性，它是生物多样性在物种上的表现形式，是生物多样性的核心，也是我们最常接触到的一个层次。形形色色的细菌，五颜六色的蘑菇，姿态万千的花朵，体型各异的哺乳动物……物种是生物分类学的基本单位，要确定一个物种必须考虑形态的、地理的和遗传学的特征，就是说作为一个物种（species），它需要在形态上相对稳定且一致，以便与其他物种相区分；个体物种集合成种群（population），能够占据一定的地理分布区，在这些区域里生存和繁衍；它们也必须拥有特定的遗传基因库，同种之间可以配对繁殖，而不同种个体间就大概率存在生殖隔离，即不能配对繁育或者即使杂交也无法产生有繁殖能力的后代。而从种群到群落（community）①，就已进入生态系统的范畴（所以图1-1中存在不同层次的生物多样性的过渡概念）。

---

① 指相同时间聚集在同一区域或环境内各种生物种群的集合，由植物、动物和微生物等各种生物有机体构成。一个群落中不同种群不是杂乱无章地散布，而是有序协调地生活在一起。生物群落的基本特征包括群落中物种的多样性、群落的生长形式（如森林、灌丛、草地、沼泽等）和结构（空间结构、时间组配和种类结构）、优势种（群落中以其体大、数多或活动性强而对群落的特性起决定作用的物种）、营养结构等。在英语中，这个词很容易达意并与种群（population）区别开来，在社会学中这个词意味着社区而种群意味着人口。

物种多样性是一个地区生物资源丰富性最直观但有时不一定最重要的体现。

第三层是生态系统多样性，它的基础是一定区域内的物种间发生各种关系。生态系统是各种生物与其周围环境所构成的自然综合体，如森林、草原、荒漠、苔原等。其实，一个小池塘、一个正常养着鱼的鱼缸，甚至每个人的指甲盖，都是一个生态系统，因为其中都有发生着密切关系的多个物种且相对稳定地存在于一个空间中（只是鱼缸需要外来物质和能量的补给、指甲盖的生态系统只是微生物层面的）。生态系统多样性不单指有多少种生态系统，也包括同种生态系统的复杂性。所以，一个生态系统中也可以谈论"多样性"。在生态系统中，物种是其中的有机组分，物种之间存在共生、寄生、竞争、捕食等或依赖或制约的关系，生物与无机环境也在相互作用。从组成上看，生态系统的生物系统里有生产者、消费者、分解者，无机环境系统里有光、水、气、土等；从功能上看，地球上各种化学元素不断循环，能量持续在各组分间流动，信息不断传递，生物持续生产；从结构上看，生态系各组分在时空上形成相对稳定和有序的形态与营养关系。因此，生态系统多样性非常复杂，它包括了生境多样性、生物群落多样性和生态过程多样性等多个方面。

这其中需要特别注意的是，很多人认为保护生物多样性就是保护珍稀动植物，实际上珍稀动植物只是三个层次的生物多样性中的物种多样性中的部分内容，远不能涵盖生物多样性甚至不是其主体。而有些主题的生物多样性跨越了三个层次，与人类文明的发展和所有人的生活密切相关，如农业生物多样性（本书为此专设一章介绍仙居的农业生物多样性）。也因此，2021年在中国昆明召开的COP15大会的会标包含了野生动植物、人类和生态系统的多种元素（见图1-2）。

第一篇 生物多样性和相关国际公约的概念和中国履约模式

图1-2 COP15大会会标

## 2. 为什么要保护生物多样性？

生物多样性是人类赖以生存的基本条件，是经济社会可持续发展的物质基础，是生态安全的重要保障。生物多样性的意义主要体现在它的价值。对于人类来说，生物多样性具有直接使用价值、间接使用价值和潜在使用价值，其在提供食物、维持气候、保护水源土壤和维护正常的生态学过程等方面对整个地球做出了巨大贡献，且因为地球这个生物圈本质上也是一个超大的生态系统，所以生物多样性是全球一体化的[①]。可以说，生物多样性关系全球和国家生态安全，丰富的生物多样性也是国民经济重要产业部门得以运行和可持续发展的基础。

正因为生物多样性关乎人类当前和未来，它的丧失也会对人类存在形成威胁。首先，生物多样性的丧失会引发全球粮食安全问题，我们直接食用的

---

① 这早已成为全球共识。例如，2021年召开的COP15大会的主题就是：生态文明，共建地球生命共同体（Ecological civilization: building a shared future for all life on Earth，参见图1-2）。

作物、牲畜以及采集自自然界的其他植物、动物、菌类都源自生物多样性，粮食生产依赖其他物种及其生态系统，如传粉动物。有害生物、土壤微生物等也是生物多样性的一部分，还有自然生态系统提供的调节水流、改善空气、固碳释氧、防风固沙等都为粮食生产和农业生态系统提供保障。生物多样性丧失将严重威胁人类基本生存。其次，生物多样性的丧失将降低人类生活质量。生态系统能够提供水源，净化空气，分解废弃物，提供精神文化的享受，生物多样性的丧失将带走这些美好的物质和精神享受，人类生活质量必然下降。最后，生物多样性的丧失会影响国家经济运行。生物多样性为人类提供木材、药材和多种工业原料，是生物产业发展的基础。生物多样性丧失将影响生物产业发展，进而影响国民经济发展，这也使得生物多样性保护必须上升为国家战略，一些国家已经实施了战略生物资源计划。

**3. 什么是《生物多样性公约》?**

1992年在巴西里约热内卢召开了由多国首脑参加的史上最大规模的联合国环境与发展大会，《生物多样性公约》就是在此次"地球峰会"上产生的。该公约于1992年6月5日在联合国环境与发展会议上开放供签署。中国于1992年6月11日签署《生物多样性公约》，1993年1月5日正式批准，是最早签署和批准《生物多样性公约》的国家之一。

《生物多样性公约》于1993年12月29日正式生效。常设秘书处设在加拿大的蒙特利尔。联合国《生物多样性公约》缔约国大会是全球履行该公约的最高决策机构，一切有关履行《生物多样性公约》的重大决定都要经过缔约国大会的通过。自1994年起，每两年，成千上万名来自不同国家的代表齐聚缔约方大会，讨论如何保护生物多样性。我国是第十五次缔约方大会的主办方。

《生物多样性公约》有三大目标：

（1）保护生物多样性；

（2）对生物多样性组分的可持续利用；

（3）遗传资源的获取及其惠益公正公平分享（ABS，即 access to genetic resources and the fair and equitable sharing of benefits arising from their utilization）。

《生物多样性公约》对缔约方或利益相关方设定了明确的义务和责任，并明确指出缔约方自己对实现公约设定的目标承担主要责任。

公约规定，政府需要通过制定指导私营企业、土地所有者、渔民和农牧民利用自然资源的法规，在保护国有土地上和水域中的生物多样性等方面发挥主导作用。公约还规定，缔约方政府具有保护和可持续利用生物多样性资源的义务，政府必须制定国家的生物多样性战略和行动计划，并将这些战略和计划纳入更广泛的国家环境和发展规划中。其他履约义务包括：

（1）识别和监测需要保护的重要生物多样性组成部分；

（2）建立生物多样性保护区，同时促进保护区以有利于改善环境的方式发展；

（3）与当地居民合作，恢复和保护生态系统，促进受威胁物种的恢复；

（4）在当地居民和社区的参与下，尊重、保护和维持有关生物多样性可持续利用的传统知识；

（5）防止引进威胁生态系统、栖息地和物种的外来物种，对已经引进并造成危害的外来入侵物种则进行有效的控制和消除；

（6）控制由现代生物技术改变的生物体引起的风险；

（7）促进公众的参与，尤其是在评价那些威胁生物多样性的开发项目对生物多样性的影响方面；

（8）开展公众教育，提高公众有关生物多样性的重要性和保护必要性的认识；

（9）报告缔约方如何实现生物多样性的目标。

在《生物多样性公约》签署前，全球也有其他公约保护生物多样性，但并不系统，如濒危野生动植物种国际贸易公约（英文名：the Convention on International Trade in Endangered Species of Wild Fauna and Flora，简称 CITES）仅能管制野生动植物的国际贸易。CITES 是 1963 年 IUCN（世界自然保护联盟）成员会议通过的一项决议的结果。1973 年 3 月 3 日，80 个国家的代表在美国首都华盛顿特区举行的会议上最终商定了公约的文本，1975 年 7 月 1 日 CITES 生效。CITES 一直是成员最多的保护协议之一，截至 2024 年，CITES 有 184 个缔约方。CITES 的精神在于管制而非完全禁止野生物种的国际贸易，其用物种分级与许可证的方式，以达成野生物种在市场经济条件下的永续利用。

## 4. 在《生物多样性公约》指导下全球采用哪些行动来遏制生物多样性退化？成效如何？

进入 21 世纪以来，2002 年生物多样性公约第六次缔约方大会上采纳了生物多样性 2010 年目标，阐述为"到 2010 年，显著降低目前生物多样性在全球、区域和国家层面上的丧失速率"。2010 年生物多样性目标具体包括 7 个领域、11 个目标和 21 个指标。

到了 2010 年，第三版《全球生物多样性展望》得出结论认为，在 21 世纪第一个十年结束前大幅减缓生物多样性丧失速率的目标未能实现。分析表明，尽管世界各国采取行动，出台了重要的保护措施，对特定物种和生态系统产生了很大的正面影响，但造成生物多样性丧失的主要压力仍在增加。生物多样性状况和趋势指标显示，各个生物分类群中的灭绝风险继续增加，物种种群正在减少。如果不采取有效措施来控制产生这些压力的根源，地球的生态系统将面临一系列门槛或临界点，包括：去森林化、火灾和气候变化的相互作用造成亚马孙地区森林大幅萎缩；营养污染造成淡水湖泊和其他内陆水域生态系统富营养化；大量相互作用的全球和局部压力结合在一起，导致珊瑚礁生态系统崩溃。

在这个背景下，在2010年第十次缔约方大会会议上通过了《2011—2020年生物多样性战略计划》，这一战略计划有5个战略目标，包括将生物多样性纳入整个政府和社会的主流，减少生物多样性的直接压力和促进可持续利用，保护生态系统、物种和遗传多样性，提高生物多样性和生态系统带来的惠益，提高履约能力。为达到这些战略目标，该战略计划确定了20个具体目标，包括陆地和内陆水域保护地面积覆盖率达到17%、海洋和海岸达到10%的保护地建设目标。这就是著名的"爱知目标"（Aichi Biodiversity Targets）。这个战略计划旨在调动全球资源共同保护生物多样性，各国可根据这一战略计划，修订本国的生物多样性战略和行动计划，并根据本国国情制定相应的国家目标。这一战略计划与"爱知目标"的最终目的是实现2050年生物多样性愿景，即"与自然和谐相处"。

《2011—2020年生物多样性战略计划》认识到，如果不在减少生物多样性丧失的根本原因方面取得进展，专注于保护的政策便不大可能克服致使生物多样性下降的种种压力。因此，"爱知目标"不仅关注生物多样性本身的状况和对其产生影响的压力，而且关注大大超出环境部委、自然保护机构和保护组织职能范围的驱动因素和对应措施。这项战略依靠的方法是使生物多样性进入经济发展、减贫、财政补贴和激励措施决策以及货物和服务的生产、消费和贸易方式的核心。

为了推动《生物多样性公约》的《2011—2020年生物多样性战略计划》的实施，联合国大会第六十五届会议通过第65/161号决议，确定2011—2020年间的10年为"联合国生物多样性十年"，为落实上述战略计划的所有目标和"爱知目标"提供广泛的支持。"联合国生物多样性十年"还强调相关公约间的协同增效、加强教育和增强意识、生物多样性的主流化、所有利益相关方参与等。

到了2014年，第四版《全球生物多样性展望》对"爱知目标"的每项目标进行了详细评估后认为，尽管大多数目标都正朝着正确的方向进展，但进度不足以在十年结束时实现各项目标。特别是根据"联合国生物多样性十年"中期的趋势推断，尽管直接针对保护和可持续利用生物多样性以及公正公平分享其惠益的应对措施都会在2020年之前取得良好的进展，但使用关于驱动因素、直接压力和生物多样性本身状况的指标得出的预测结果却远没有那么有利。第四版《全球生物多样性展望》也指出，为了使国际社会能够实现获得粮食安全、使全球升温稳定下来和结束生物多样性丧失的三重目标，必须靠关键经济活动部门转型，尤其是与粮食生产和消费有关的部门。

2020年9月，联合国发表第五版《全球生物多样性展望》，对"爱知目标"的实现情况做了全面评估。与前一个十年（2000至2010年）相比，"部分实现"的目标是：防止物种入侵、维持现有保护地、获取和分享遗传资源、制定生物多样性战略和行动计划、共享信息和调动资源。全球森林砍伐率在2010至2020年间下降了三分之一；许多地方已成功根除入侵物种；一些国家出台了良好的渔业管理政策，帮助恢复了因过度捕捞和环境退化而遭受重创的海洋鱼类种群；陆地和海洋自然保护区的数量大大增加。然而，"部分实现"只是某个目标下至少有一条具体的衡量标准得到满足，事实上，"爱知目标"里的20个具体目标可以进一步细分为60个"具体要素"（衡量标准），仅有7个实现，有13个毫无进展，甚至恶化。例如，栖息地的丧失和退化仍然严重，特别是在森林和热带地区；全球湿地正在减少，河流呈现碎片化；污染仍然猖獗，如海洋中的塑料和生态系统中的杀虫剂；自1970年以来，野生动植物数量下降了三分之二以上，并且在过去十年中持续下降。总体而言，"爱知目标"没有一项目标得以完全实现。

可见，"人类在留给子孙后代的自然遗产方面正站在十字路口。当前生物多样性丧失之快前所未有，并且推动多样性丧失的压力与日俱增"。联合国《生物多样性公约》执行秘书伊丽莎白·穆雷玛对此表示："地球的整个生态系统正在遭受破坏。人类假使继续以不可持续的方式开发利用自然、削弱自然对人类的贡献，那么我们也难保自身的福祉、安全与繁荣。"报告也指出，减缓、阻止并最终扭转当前生物多样性的下降趋势为时不晚。

## 5. 什么是生物多样性的就地保护和迁地保护？

根据《生物多样性公约》的定义，就地保护（In-situ conservation）是指在原有的自然条件下，对生态系统和自然栖息地的保护，以及对存活种群的保护与恢复，就驯化的和栽培的物种而言，则是指在其形成鲜明特点的环境下进行保护或恢复。就地保护的目的是使生物多样性能够在其所在的生态系统中自我维持。就地保护既可以针对选定物种的种群（以物种为中心），也可以针对整个生态系统（以生态系统为基础）。传统上，自然保护地被视为就地保护的基石，不过，人们也越来越多地采用更为因地制宜的、适用于自然保护地以外的保护方法，比如生物资源的可持续利用和管理战略。

迁地保护（Ex-situ conservation）是指在自然栖息地外对生物多样性组成成分的保护。迁地保护是一套保护技术，涉及将目标物种从其原生栖息地转移到安全地点，如动物园、植物园或种子库。其主要目标是通过确保受威胁物种的生存和维持相关的遗传多样性来支持保护。为此，迁地机构保存目标物种的遗传或生殖材料，或照顾目标物种的活体以便重新引入。这个概念也被简单地比作"诺亚方舟"，物种在那里能够确保安全，直到野外生存的威胁因素已经消除，并且进行重新引入有可能成功时，物种才能离开。

从历史上来看，与迁地保护相比，就地保护是首选的生物多样性保护方法。就地保护就其措施而言被视为更加全面，能够实现保护生态过程或保护栖息地（例如土壤微生物过程、进化过程、珊瑚礁或具有特别需求物种的特定生态系统）这些无法由迁地保护达到的目标。《生物多样性公约》认为两种保护战略是互补的，建立迁地保护设施和发展迁地保护技术的主要目的是补充和支持就地保护。

### 6. 何为国际生物多样性日？

1992年12月29日，《生物多样性公约》正式生效。为了纪念这一有意义的日子，1994年联合国大会通过议案，决定将每年的12月29日定为"国际生物多样性日"。为了更好地开展宣传纪念活动，联合国大会通过决议，从2001年起将"国际生物多样性日"由12月29日改为5月22日。这一天是《生物多样性公约》通过的日期。

联合国《生物多样性公约》秘书处每年都会提出一个主题，表明生物多样性与全球热点问题的关系。例如，2024年5月22日国际生物多样性日的主题为"生物多样性，你我共参与（Be Part of the Plan）"，就反映了生物多样性实际上与每个人的生活密切相关，生物多样性工作也需要每个人都参与。

### 7. COP15是什么？

在生物多样性领域的COP15，指的是CBD-COP15，即联合国《生物多样性公约》第十五次缔约方大会（COP即Conference of the Parties）。

2016年，在墨西哥举行的联合国《生物多样性公约》第十三次缔约方大会（COP13）宣布中国获得COP15举办权。COP15大会分为两个阶段举行，第一阶段会议于2021年10月11日至15日在中国昆明举行，第二阶段会议于2022年12月7日（蒙特利尔时间12月6日）至19日在加拿大蒙特利尔举行。此次大会主题为"生态文明：共建地球生命共同体"。2021年10月13日，第一阶段高级别会议正式通过《昆明宣言》。2022年12月19日，第二阶段高级别会议正式通过《昆明－蒙特利尔全球生物多样性框架》（简称"昆蒙框架"）及《〈昆蒙框架〉的监测框架》《规划、监测、报告和审查机制》《资源调动》《能力建设与发展和科技合作》《遗传资源数字序列信息》等一揽子成果文件。

## 8.《昆明－蒙特利尔全球生物多样性框架》主要内容是什么？

《昆明－蒙特利尔全球生物多样性框架》以《2011—2020年生物多样性战略计划》及其成就、差距和经验教训以及其他相关多边环境协定的经验和成果为基础，提出了一项雄心勃勃的计划。根据《2030年可持续发展议程》及其可持续发展目标采取基础广泛的行动，到2030年转变社会与生物多样性的关系，确保到2050年实现与自然和谐相处的共同愿景。

为实现2050年愿景与2030年使命，"昆蒙框架"分别设置了生物多样性状态（A）、可持续利用生物多样性（B）、公平公正分享惠益（C）及提供执行保障（D）等4个2050年全球长期目标，以及23个以行动为导向的全球目标，分为减少对生物多样性的威胁（目标1—8）、通过可持续利用和惠益分享以满足人类需求（目标9—13）、执行和主流化的工具和解决方案（目标14—23）3个方面。

## 9. 什么是《中国生物多样性保护战略与行动计划》？

《中国生物多样性保护战略与行动计划》的编制是中国履行《生物多样性

公约》的一项重要义务。《生物多样性公约》第 6 条要求，每一缔约方要根据国情，为保护和持续利用生物多样性，制定国家战略、计划或方案（NBSAP，National Biodiversity Strategy and Action Plan），并尽可能将生物多样性的保护和持续利用纳入有关部门或跨部门计划、方案和政策中。中国作为推动达成"昆蒙框架"的 COP15 主席国，于 2024 年 1 月发布《中国生物多样性保护战略与行动计划（2023—2030 年）》（以下简称《行动计划》或中国相关情况分析中的 NBSAP），成为"昆蒙框架"通过后首个更新生物多样性战略与行动计划的发展中国家。《行动计划》是对 2010 年《中国生物多样性保护战略与行动计划（2011—2030 年）》的全面更新和修订。

《行动计划》作为国家生物多样性保护总体规划和《生物多样性公约》履约核心工具，明确了我国新时期生物多样性保护战略，部署了生物多样性主流化、应对生物多样性丧失威胁、生物多样性可持续利用与惠益分享、生物多样性治理能力现代化等 4 个优先领域，每个优先领域下设 6 至 8 个优先行动，广泛涵盖法律法规、政策规划、执法监督、宣传教育、社会参与、调查监测评估、保护恢复、生物安全管理、生物资源可持续管理、生态产品价值实现、城市生物多样性、惠益分享、气候与环境治理、投融资、国际履约与合作等内容，为各部门、各地区推进生物多样性保护工作提供指引。

## 10. 什么是生物多样性主流化？

主流化是"mainstream"的中文翻译，简言之，就是生物多样性的相关工作不仅仅是生态保护部门的任务，而且在整个社会经济发展中应该成为一个"主流"而不是边缘议题。《生物多样性公约》中明确规定：应尽可能地将生物多样性的保护与可持续利用纳入部门、跨部门规划、行动、政策和国家的决策过程。2016 年《生物多样性公约》第十四次缔约方大会（COP14）发表了"将保护和可持续利用生物多样性以增进福祉纳入主流的坎昆宣言"，为各缔约方主流化生物多样性提出了行动方式。

具体而言，生物多样性主流化是指将生物多样性纳入国家或地方政府的政治、经济、社会、军事、文化及环境保护等发展建设主流的过程，也包括纳入企业、社区和公众生产与生活的过程。现行的主流化途径包括将生物多样性纳入政府和部门的法律法规、政策、战略、规划、科技创新、脱贫、文化建设、环境保护、机构建设，企业的规划、建设与生产过程，以及社区的建设与公众的日常生活等。

生物多样性主流化通过将生物多样性纳入经济社会等主流，从根本上改变了重视经济发展、忽视生物多样性保护、先破坏后保护的格局，成为做到生物多样性保护与经济发展同步、防患于未然的行之有效的措施，也是实现生物多样性保护由行政命令转变为综合应用法律、经济、技术和必要的行政办法的途径。

对中国而言，可以从以下几个方面评价生物多样性主流化的情况，即是否将生物多样性纳入党的代表大会报告、国家五年规划发展纲要、国家政策与中央政府工作日程、法律法规、政府的机构建设、地方政府工作、土地规划与开发利用、政府官员政绩考核、部门与行业、国家科学研究重点领域等。同样地，也可以从以上几个方面推进生物多样性主流化。

## 11. 什么是 OECMs？

其他有效的区域保护措施（Other Effective area-based Conservation Measures，简称 OECMs）是与建立正式的自然保护地（Protected Areas，PA）相对而言的其他就地保护方式，《生物多样性公约》将其定义为"保护地以外的地理定义地区，对其治理和管理是为了实现生物多样性就地保护的积极、持续的长期成果，并取得相关的生态系统功能和服务，以及在适用情况下实现文化、精神、社会经济价值和其他与当地相关的价值"。简言之，自然保护地是以生物多样性保护为主要目标的明确地理空间，而 OECMs 则是在自然保护地以外的明确地理空间，它不一定以生物多样性保护为首要目标，但实际上却取得了生物多样性保护的长期效果。一个指定的区域要被认定为 OECMs，就必须满足以下两个基本条件：①未被一个国家官方认定为自然保护地；②经过评估基本取得了生物多样性就地保护的长期成果。

OECMs 可以具有许多不同的管理目标，比如经济作物的种植或精神文化的传承，而生物多样性保护可能是其首要或次要目标，也可能仅仅是管理的附带结果。根据生物多样性保护在管理目标中的重要性不同，OECMs 可以被分为以下三种类型：

辅助保护（Ancillary Conservation）：生物多样性保护并非该区域的管理目标，而是作为其他目标管理结果的副产品，例如苏格兰的斯卡帕湾（Scapa Flow）是一个战争遗迹纪念地，但却有效保护了海洋生物多样性；

次级保护（Secondary Conservation）：生物多样性保护是该区域的次要目标，例如为了保护水源而对水源集水区进行的保护，或是在城市中为了满足公众游憩需求而建立，但面积足够大且自然程度能够满足就地保护目标的城市公园；

主要保护（Primary Conservation）：这些区域以生物多样性保护为主要目标，从特征上完全符合自然保护地的定义，但由于种种原因没有被认定为自然保护地，例如一些社区保护地（Territories and Areas Conserved by Indigenous Peoples and Local Communities，ICCA）不愿意将该区域认定为保护地，或是一些未能被国家立法认定为保护地的由私营部门管理的区域。这些主要保护类型的 OECMs 一旦得到了政府部门或者治理主体的正式认可，就应当被划入自然保护地的范畴。

OECMs 与自然保护地在空间上互补，能够有效地保护野生动物廊道并支持受威胁物种的恢复，它们可以是亚马孙地区的大片森林、东非的广阔牧场、东南亚的红树林、太平洋的珊瑚礁，以及欧洲的小流域。自2019年首次记录到OECMs到报告发布，全球的OECMs增加了160万平方千米，其中130万平方千米为陆地保护面积，30万平方千米为海域保护面积。截至2021年10月WD-OECM发布的数据，已有7个国家报告了669个OECMs信息，占陆地面积的1.07%和海洋面积的0.09%。

## 12. 土地利用变化、道路和基础设施建设会对生物多样性造成哪些影响，如何应对？

经济驱动力和人口压力是加速土地利用变化的主要原因，这些因素推动了以获取粮食、商品、饲料和生物燃料等为目的的农业扩张，加大了对开采矿物、金属和能源资源的需求，推动了城市化、道路建设和土地占用。

农业扩张带来土地利用变化，会通过大规模工业化农业造成土地退化、反照率变化、甲烷排放增加、自然生态系统碳封存能力丧失等问题，虽然农业集约化能够减轻非农业用地的压力，但可能对在不同农业生态系统中共存的野生动植物产生有害影响。

城市发展是土地利用变化和森林砍伐造成的栖息地丧失的主要驱动力。在发展中国家，城市地区的建立和扩张（其中许多地区缺乏足够的规划）以及基础设施的增长可以与生物多样性热点相吻合。

城市以外基础设施（特别是道路）正在快速发展，预计所有道路建设中约有90%发生在发展中国家，包括许多最后的荒原，如亚马孙、新几内亚、西伯利亚和刚果盆地的荒原。新的道路在生物多样性丰富的地区产生了多重威胁，包括生境四分五裂、为土地开拓提供了机会、为增加狩猎和其他形式过度开发创造条件以及引入外来入侵物种。世界上仅存的赤道非洲和亚洲猿猴种群特别容易受到道路和其他基础设施（包括铁路、水电大坝、电力线、输气管道和采矿）扩张的影响。

总之，土地利用变化可能会影响水生和陆生环境，将人类、牲畜和野生生物暴露于有害的污染物以及外来病原体和新的传染病，加剧人兽冲突，丧失野生物种栖息地及其提供的生态系统服务，如授粉者和农业害虫的捕食者，也导致依赖自然资源土著社区失去生计，人类失去接触自然的机会。

因此，必须减少土地对自然生态系统的压力，避免生境的进一步丧失，并且创造条件恢复更多生境，以减少许多物种灭绝的风险。为此，需要各国对土地利用和土地利用变化采取统筹办法。这需要：一致性的农业、林业、农村、城市和基础设施发展政策，全面的空间规划，应用生态系统办法或景观办法，强有力的社区参与，辅之以土地保有权、数据和监测；为研发投资，提高农业、畜牧业、林业系统的生产力、可持续性和一体化；制定和实施土地利用、土地利用变化和空间规划的立法或政策框架，酌情纳入对去森林化或土地利用变化的限制、对原生植被最小面积的要求、对生物多样性无净损失或净收益的要求；用多种手段加强对相关法律标准的制定和执行、力争将其覆盖到大宗产品的全供应链。也需要通过保护区和其他有效地区措施保护生物多样性；恢复和修复生态系统，包括转用和退化的自然和半自然生态系统，优先考虑有助于保护生物多样性、加强提供生态系统服务、减轻和适应气候变化的影响、恢复连通性、提高生态系统复原力、防治荒漠化和土地退化、改善人类福祉的生态系统；管理景观，平衡保护和恢复生物多样性、粮食和木材生产以及其他需求、提供生态系统服务和城乡发展，促进生态连通性，增强农业和城市景观的生物多样性。

## 13. 农业与生物多样性有什么关系？

生物多样性是一切农作物和家禽家畜及其内部变种的起源。从物种和遗传多样性来看，大量经过几千年选择和种植的植物以及经过驯养和饲养的动物成为农民、畜牧业者和农业学家当前和未来可以利用的遗传资源的基础。

一些物种耐严寒、耐高温、耐旱和耐涝以及抵抗某些疾病、虫害和寄生生物的基因品质可能会成为未来育种和改良物种的宝贵资源。农作物的多样性不仅保证人类能够在各种自然条件下进行农业生产，而且还能够保证人类通过消费更多种食物，提高营养质量，特别是在水果和蔬菜方面。多样化的饮食有助于防止人类出现营养不良、肥胖和其他健康问题。

农业及相关景观中的生物多样性为农业提供并维持极其重要的生态系统服务。包括管理病虫害；营养物循环，如有机物分解等；营养物分离和转化，比如固氮细菌提供的服务；管理土壤中的有机物和保持土壤中的水分；维持土壤肥力和生物区；通过蜜蜂和其他野生动物进行授粉等。

因此，生物多样性是农业的基础。维持生物多样性对于粮食和其他农产品生产以及向人类提供好处都极其重要，包括粮食安全、营养和谋生手段。

不过，农业对生物多样性也存在威胁。在农作物生产中，许多以提高产量为目的而采取的现代集约化实践和做法已经导致农业系统和生物多样性组成部分的简化，并形成了生态上不稳定的生产系统。这些实践包括种植单一农作物，致使种植多样性减少和轮作顺序或轮种消失；利用高产品种和杂交品种，致使传统品种和多样性丧失，并且需要施加大量的无机化肥；利用化学品（除草剂、杀虫剂和杀真菌剂）来处理而不是利用机械或生物学方法来清除杂草和防治病虫害。为了适应大规模农业生产的需要而对土地和生活环境进行改变，包括改变土地的排水系统和转变湿地用途，已造成生物多样性大大减少。为了统一耕作景观，致使灌木丛、林地和湿地等自然面积消失，从而扩大生产单位的规模以便进行大规模的机械化生产，这种做法已经致使生物多样性和生态系统服务减少。

在畜禽饲养中，集约化生产系统不仅导致饲料需求增加，而且也使场地集中的家畜废弃物增加。饲料需求增加造成了对农耕系统的压力，从而增加了对水资源和氮、其他肥料和化学品投入的需求。同时，人们在选择和培育高产物种中，致使那些保留其他特性、质量和适应力的传统品种逐渐消失。

为此，**提高农业生产力和可持续性是减缓和扭转生物多样性减少之势的一个必要因素**。如果把农业生态系统作为生态系统进行可持续管理，有助于进一步发挥生态系统保持水质、排除废弃物、减少径流以及促进水渗透、增加土壤保水能力、防止侵蚀、促进碳储存和授粉等功能。除了农业文化遗产保护和可持续发展，发展生物多样性友好农业需要从以下方面开展转型工作：

促进病虫害综合治理。这需要对作物和综合农业生态系统进行管理，包括酌情使用生物控制物（引进天敌、掠食者或寄生虫）、用无毒替代品替代农药、杜绝或减少农药和抗生素的使用。

加强土地和水资源管理。通过尽量减少耕作提高土壤的生物多样性、避免使用农药和过度使用肥料（包括通过养护性农业或有机农业），促进肥料的有效利用，并促进有效管理灌溉用水。

整合作物、牲畜、鱼类和/或树木生产系统，以提高生产力和生态效益。例如通过混合型作物和饲料系统、改进放牧管理以及将水产养殖业纳入耕作系统，确保动物健康和福祉。

维护农业生态系统的生物多样性。促进农场中的作物、牲畜、鱼类和树木内部及其之间的多样性，并通过养护和育种方案，保护授粉媒介和害虫的天敌，提高土壤的生物多样性。

促进农场学习和研究。办法是以研究和推广服务投资为支持，通过农民网络、农民田间学校、参与式植物育种和研究等方式。

改善农民与消费者之间的联系。办法是通过当地市场、信息和供应链透明，包括认证。

提供有利环境。其中考虑到农业和粮食系统的环境、健康和社会外部因素（积极和消极两方面因素），开展政策宣传并调整补贴和激励措施，以支持增强生物多样性的可持续农业做法。

## 14. 人类和人类社会的健康与生物多样性有哪些关系？

总体而言，生物多样性提供了对人类健康和福祉至关重要的生态系统商品和服务，包括粮食生产系统在内的生态系统依赖多种多样的生物：初级生产者、食草动物、食肉动物、分解者、授粉媒介和病原体。生态系统提供的服务包括食物、清洁空气、淡水的数量和质量、药物、精神和文化价值、气候调节、病虫害管理和减少灾害风险——每一项服务都对人类身心健康产生根本性影响。从更密切的层面上看，人类微生物群——存在于肠道、呼吸道和泌尿生殖道以及皮肤上的共生微生物群落——促进营养，可帮助调节免疫系统和预防感染。生物多样性也是直接或间接调节健康结果的关键发展部门的组成部分，如制药、生物化学、农业或旅游业。因此，生物多样性是人类健康的一个关键环境决定因素，生物多样性的养护和可持续利用可以通过维持生态系统服务和未来的选择来惠及人类健康。

反之，人类正因生物多样性丧失而面临多种健康风险。农业生物多样性的丧失会威胁粮食安全和营养状况；生物多样性丧失会导致传统医药知识的流失和潜在药物再也无法被发现；生物多样性的丧失、栖息地的破碎化、野生动物非法贸易等，增加了野生生物向人类传播疾病的风险；生态系统的变化所引起的开阔空间或广阔乡野的丧失对很多本土居民和社区意味着生理和心理的负面影响和"地方感"的丧失，甚至引起心理疾病，而城市生物绿色空间的增加则有利于人类健康。

## 15. 为什么要进行生物多样性监测？

生物多样性不是恒定的，而是生态系统的一个动态变化的要素，会改变组成、结构和功能来应对各种外部和内部驱动力。现有的类群和物种库受到多种非生物和生物环境因素的控制，生物多样性反过来也因为生物体的功能特性而改变环境参数。我们需要了解这些动态变化来管理生态系统，特别是当前在气候变化、人为干扰等多重的环境压力下,生物栖息地不断丧失、生物多样性持续下降。生物多样性监测就是一个确定活生物体及其所属生态复合体的状态和跟踪其变化的过程。生物多样性监测非常重要,是因为它为评估生态系统的完整性、生态系统对干扰的反应,以及为保护和恢复生物多样性而采取的各种行动的成效提供了基础。对生态系统以及重要栖息地的生物类群进行长时期、全方位、多类群的生物多样性监测,有利于摸清生物多样性的资源家底、时空动态、威胁因子和保护现状,也将为生物多样性及重要生物资源的保护管理和有效利用提供科技支撑。例如,监测自然保护地内受保护物种的种群数量,可以反馈保护措施是否成功;监测外来入侵物种或传染性病原体的传播可以为农民或医疗服务提供预警系统;监测狩猎农场能够帮助优化种群数量。

### 16. 什么是 IUCN 红色名录和中国生物多样性红色名录?

物种现状评估和红色名录制定是生物多样性保护的一项基本任务,这两个名录分别是全球和中国的这项任务的成果。

世界自然保护联盟(IUCN)濒危物种红色名录(IUCN Red List of Threatened Species 或称 IUCN 红色名录)于 1963 年开始编制,是全球动植物物种保护现状最全面的名录,也被认为是生物多样性状况最具权威的指标。此名录是根据严格准则去评估数以千计物种及亚种的绝种风险所编制而成的。准则是根据物种及地区厘定,旨在向公众及决策者反映保育工作的迫切性,并协助国际社会避免物种灭绝。保护物种的红色名录至少有三方面作用:①提供科学依据。红色名录为生物多样性的保护和管理提供了科学依据,是确定保护优先项目、制定保护法规和保护物种名录、建立自然保护区、申报世界遗产等的重要依据。从现实来看,这是全球物种多样性监测和保护的重要依据，也是CITES公约分类管理的重要依据①。②反映生物多样性现状。通过红色名录，可以清晰地了解全球及特定区域内生物多样性的现状及其面临的威胁。③促进国际合作。红色名录的发布促进了国际生物多样性保护合作，推动了全球生物多样性保护事业的发展。

IUCN红色名录将物种保护级别分为九类，从高到低依次为：灭绝（EX）：物种已不存在。野外灭绝（EW）：物种仅存在于人工环境下，如动物园或植物园。区域灭绝（RE）：一个物种在某个特定地理区域内已经灭绝。极危（CR）：物种面临极高的灭绝风险。濒危（EN）：物种面临较高的灭绝风险。易危（VU）：物种面临中度灭绝风险，这三个级别统称"受威胁"。低危（LR）：（旧标准）有3个子分类，包括近危（NT）、无危（LC）、保护依赖（CD）。近危（NT）：物种接近受威胁等级。无危（LC）：物种目前无灭绝风险。数据缺乏（DD）：缺乏足够的物种信息进行评估。未评估（NE）：尚未进行评估的物种。

目前IUCN的濒危物种红色名录最新版本为2024-2，涵盖166,061种物种，其中有46,337种物种正面临灭绝的严峻威胁，占全部评估物种的28%。具体而言，41%的两栖动物、37%的鲨鱼和鳐鱼、44%的造礁珊瑚、34%的针叶树、26%的哺乳动物以及12%的鸟类面临灭绝威胁。

中国也开展了类似的工作：早在20世纪80年代，在国家环保局的支持下，我国就启动了植物和动物的红皮书的编写和出版，当时依据的标准是20世纪60年代的IUCN濒危等级标准并根据国情作了一些变更。IUCN在20世

---

① CITES管制国际贸易的物种，可归类成三项附录：附录Ⅰ的物种为若再进行国际贸易会导致灭绝的动植物，明确规定禁止其国际交易，只有在特殊情况下才允许买卖这些物种的标本。附录Ⅱ的物种则为不一定面临灭绝威胁的物种，但必须对其贸易加以控制，以避免与其生存不符的利用。若仍面临贸易压力，族群量继续降低，则将其升级入附录一。附录Ⅲ是各国视其国内需要，区域性管制国际贸易的物种。包含至少在一个国家受保护的物种，该国已要求其他CITES缔约方协助控制贸易。确定三项附录中的物种，一个重要依据就是IUCN红色名录。

纪90年代经过反复研讨后，通过了修订后的新等级标准（1994年，2001年），其从量的角度为物种评估提供了更为客观的等级标准，从而提高了物种评估结果的科学性。这项新标准的又一特点是适用于各类动植物，可以进行横向的比较。为全面掌握我国生物多样性受威胁状况，提高生物多样性保护的科学性和有效性，2008年，原环境保护部联合中国科学院启动了《中国生物多样性红色名录》的编制工作，并于2013年9月、2015年5月先后发布《中国生物多样性红色名录——高等植物卷》《中国生物多样性红色名录——脊椎动物卷》，2018年5月生态环境部联合中科院发布了《中国生物多样性红色名录——大型真菌卷》，2023年5月发布更新的《中国生物多样性红色名录》高等植物卷和脊椎动物卷，实现对我国现有分布的高等植物、脊椎动物生存状况的全面评估和更新。2023年8月，生态环境部和中国科学院联合更新了《中国生物多样性红色名录——大型真菌卷》《中国生物多样性红色名录——脊椎动物卷（2020）》和《中国生物多样性红色名录——高等植物卷（2020）》。

中国生物多样性红色名录也衔接IUCN红色名录，将物种保护级别分为九类。在中国（含内地、港澳台）的物种评估中，红色名录共涵盖了14,520种物种，其中1968种被认定为面临灭绝威胁。本书第三篇"仙居的生物多样性资源图谱及其仙居故事"中介绍的物种均按中国生物多样性红色名录来标注保护等级。

## 17. 为什么要采用组合措施来遏制和扭转生物多样性丧失，而不是仅仅靠就地或迁地等单一的保护措施？

就地保护和迁地保护本质上都是对生物多样性组成成分的保护，并不直接涉及对生物多样性丧失的影响因素的管控。然而，导致生物多样性丧失的原因是多元的，我们遏制和扭转生物多样性丧失需要从源头上减轻和消除这些压力。比如，解决土地和海洋利用变化，加强生态系统保护和恢复，减缓气候变化，减少污染，控制外来入侵物种和防治过度开发。这些都不是单一的保护措施能完成的，我们更需要从根本上改变以资源消耗为基础来获得短期的福祉的一系列生产和消费行为，不能认为自然资本无价，生态系统服务免费。这就需要直接采用保护手段的同时，践行可持续发展，开展可持续性生产和消费的转型。从生产的角度看，这要求经济增长与环境退化的脱钩，包括生产工艺的清洁化、资源效率和企业责任的改善等。从消费的角度看，这要求生活方式、消费喜好和消费者行为的变革。

**18. 哪些关键经济活动部门需要进行变革来保护生物多样性？**

保护生物多样性必须着手减轻造成生物多样性丧失的主要压力及控制其背后的驱动力，因此，关键经济部门必须在遏制外来入侵物种、减少污染、停止不可持续地开发利用生物资源、减轻土地利用对自然生态系统压力方面做出"变革性"贡献，全面改变不可持续的生产模式。从全球范围来看，若干共性的关键经济活动部门介绍如下（中国国情下的关键经济活动部门还有所不同[①]）。

农业部门。一方面，农业扩张引起的土地利用变化是造成生物多样性丧失的最大驱动因素。许多农业做法，例如耕种、肥料和杀虫剂的使用以及对牲畜过度使用抗生素，也往往会减少生物多样性。另一方面，增加农业生态系统中的生物多样性将促进农业的可持续性和生产力。所以，农业部门需要提高农业生产力和可持续性。

渔业部门。海洋渔业为许多人提供食物和生计保障，海产养殖正在迅速扩展，但过度捕捞、水产养殖污染等问题会威胁到许多物种，破坏生境，危及生态系统服务的持续供给。因此，渔业部门需要重建渔业，保障海水养殖

---

① 具体参见本书第二章的详尽分析。

生产的可持续性，减少污染并控制养殖等带来的外来入侵物种。

城市与基础设施建设部门。城市人口持续增长以及对基础设施的相关需求使得对资源的需求越来越高，并构成土地利用变化的重要驱动因素。城市建设与城市化需要考虑城市与城市内外生态系统的依存关系，加大绿色基础设施投入。

金融机构。金融机构在资金配置中起到决定性作用。金融机构通过投资、承保或贷款进行资金的配置。对如棕榈油、牛肉、大豆、纸浆纸张、橡胶和木材等危害森林的商品持续大力投资是导致东南亚、拉丁美洲、西非和中非森林滥砍滥伐的元凶。因此，需要推动金融资源转移到生物多样性保护或对生物多样性有利的项目。

## 19. 如何通过提高农业、水产养殖和林业的可持续管理保护生物多样性？

农业可持续管理，包括促进可持续土壤管理、恢复退化的生境、促进作物效率和复原力研究、支持和促进有机农业和农林业、鼓励农业多样化、改善流域管理。各国在向粮食及农业组织（粮农组织）《世界粮食和农业生物多样性状况》提交的报告中也提到越来越多地采取生物多样性友好型做法。2018年的一项研究估计，1.63亿个农场（占全球总数的29%），在4.53亿公顷农田（占全球总数的9%）上实施某种形式的可持续集约化（sustainable intensification），通过汲取传统农业和有机农业的优势，同时尽量减少它们的不足（比如传统农业过度使用肥料，以及有机农业的低产量趋势），从而弥补两者之间的差距。具体的可持续集约系统包括综合虫害管理、保护性农业、一体化作物与生物多样性、牧场和饲料、农业系统植树、灌溉管理、集约型小型和补丁系统，即 (i) integrated pest management, (ii) conservation agriculture, (iii) integrated crop and biodiversity, (iv) pasture and forage, (v) trees in agricultural systems, (vi) irrigation water management and (vii) intensive small and patch systems。

森林的可持续管理,包括下放森林管理权、改进森林治理框架和能力建设、促进恢复、鼓励森林认证、更新和审查林业许可证等。还可以采取措施来补偿或奖励不砍伐森林的土地所有者,推广有助于减贫的造林实践。过去十年中经森林管理委员会或森林认证机构认可方案认证的林业面积大幅增加(2010—2019年增加28.5%)。这表明越来越多木材生产厂商受到第三方核查,看其是否在生物多样性保护以及在社会、经济、文化和道德方面落实了负责任的森林管理。

水产养殖在近十年产量增长超40%,成为食品生产增长最快的领域之一。水产养殖的可持续管理,主要取决于所产物种是否要投喂以及与其他农业活动的结合程度。总体而言,约占世界总产量三分之二的内陆水域水产养殖大部分是可持续的。许多海产养殖在很大程度上依赖捕捞渔业获得饲料,转换率较低,需要更多的优化饲料来源,如副渔获物、养殖海藻和微藻等。

## 20. 城市里也有生物多样性吗,如何保护?

在城市发展中,人们越来越多地认识到保护森林、湿地等自然系统和建设绿道、公园等城市绿色基础设施的重要性。城市不再被视为钢筋水泥构成的怪兽与生物多样性的沙漠,而是一个充满开敞空间和自然区域的自然生命支持系统。作为实现2050生物多样性愿景的重要组成部分,可持续的城市转型也提出让城市应保护、养护、恢复和促进其生态系统、水、自然生境和生物多样性。

城市生物多样性(urban biodiversity)是"在人类居住区中和边缘的物种的种类和变化、基因的多样性和栖息地的多样性"。根据这一定义,城市生物多样性的地理范围涵盖从农村的边界到城市中心的区域。

城市中的生物多样性蕴藏在诸多迁地保护场所中。城市中有动物园、植物园、树木园、海洋馆、水族馆、公园、花园、花圃、标本馆、种子库、基因库、种质资源库、古树名木、野生动物救助站、繁育中心等，它们承担着与生物多样性保护有关的各种功能，包括珍稀濒危物种的人工繁育和扩大种群数量，净化空气，调节气候，美化环境，提供自然体验和环境教育等，本地种和外来种都对城市生物多样性有贡献。

城市中的生物多样性体现在城市内及其周边丰富的自然和半自然区域中。城市郊野森林和湿地是最典型的自然生态系统，城市公园、绿道、水岸等绿色空间也是野生动物的栖息场所，人类强烈干扰后的生态修复区域，如废弃厂矿用地，在群落演替过程中也能够为动植物提供多样化的栖息地。这些绿色空间或处于自然状态，或遵循近自然化的改造来提升群落结构复杂性和生态系统功能（如采用乡土树种和近自然种植），都能够提升生境条件的多样化。

城市的生物多样性还体现在其独特的栖息环境为在野外濒临灭绝的物种提供了避难所。城市园林植物的多样性为丧失食物源地的物种提供了食物来源，让城市生物多样性有了新的层面。

城市是人类影响最为深刻的空间，城市生物多样性也因为受到人类对诸如观赏物种的定向选择、土地利用类型快速改变和城市地理位置与功能差异而存在复杂的形成机制。城市生物多样性在管理中，可以遵循复杂性原则、协同效益原则和共存原则，即3C原则。复杂性（Complexity）是自然生态系统的特征，因而成为维持城市生物多样性的基础。在城市建设过程中尽力保护天然植被的完整性，增加城市中自然地段的连通性，有意识地在城市中保留一些自然进程主导的荒地，增加栖息地的多样性，增加城市绿地结构种类组成和结构的复杂性，等等。协同效益（Co-benefit）是城市生物多样性管理的指导原则。城市生物多样性保护需要遵循城市是人口高度聚集的地区这一本质，需要从协同野生动物生存与城市运行角度出发，将生物多样性问题融入各项城市政策规划和日常管理措施中，寻求提升和保护城市生物多样性的协同效益，如纽约市立法要求在建筑上使用鸟类友好玻璃和外涂装，减少鸟类和玻璃的相撞，这就是一个很好的例子。共存（Co-existence）应当成为城市居民与城市中的野生生物打交道的正确态度。城市居民应减少对野生生物的有意或无意的干扰，如投喂迁徙候鸟、宠物弃养等。

城市生物多样性是很多人身边的生物多样性，城市生物多样性保护也是可持续城市转型的目的与手段，是切实贯彻落实党中央和各级政府关于生物多样性保护政策的抓手。保护城市生物多样性不仅将为全球生物多样性保护做出贡献，也将提升居民所处的城市生态系统的质量，增进城市居民的健康福祉。

## 21. 基层地方政府在保护生物多样性中有什么作用？

从地球生命共同体的角度，保护生物多样性主要体现为国际责任和国家责任，基层地方政府似乎难以参与到任务设计和任务目标确定中。但《生物多样性公约》的履约举措大多要靠基层地方政府来实施或监督，即在一线组织各方接受国际和国家层面的任务并力促其完成还得靠基层地方政府，这在中国这样的强调自上而下管理的单一制国家体现得尤为明显。可以把基层地方政府的作用总结为三方面：①根据国家层面的 NBSAP 制定局域的奖惩兼备的规则（尤其是经济活动的规则，以利形成尽责获利的环境），让企业、社区、居民在履约尤其是完成"昆蒙框架"这样明确的任务时有明确的责权利；②筹措资金，使相关各方可以顺利尽责并争取在市场经济条件下因为尽责而获利；③宣传教育，使各方能明晰履约活动的重要性、产生内生动力进而自我优化其在规则①下的履约活动。

在中国的体制下，基层地方政府还可以发挥更大的作用：中央在决策层面判断"大事"、集中力量，并通过规划、考核、资金三方面主导手段将力量层层传导到基层地方政府层面，这就会增强基层地方政府的作用。对这方面具体情况的分析可参见本书第二篇，其中也专门分析了仙居的情况。

## 22. 原住民和社区在生物多样性保护中有哪些作用？

一方面，原住民（indigenous people，在不同的场合中也被翻译为原住居民或土著）和社区的福祉通常有赖于生物多样性，因此生物多样性下降对他们尤其不利。另一方面，原住民和社区的传统知识和在资源管理上的集体行动，例如可持续的资源收获和传统农业，是对保护生物多样性友好的资源利用和生产。他们自主治理的原住民和社区保护地（ICCA）也有利于保护生物多样性。土著和地方知识（IPLC）可以提供自下而上、自我驱动、具有成本效应的创新解决方案，具有扩大规模的潜力，可为国家和国际实践提供参考信息。例如，在寻找解决动物传粉媒介（鸟类、蝙蝠、大黄蜂和蚜虫等野生物种以及蜜蜂等受管物种）数量下降的解决方案方面，土著和地方知识已被公认为是重要的专业知识来源。原住民和地方社区对自身生存环境具有敏锐的观察力，他们所掌握的知识往往能让他们将各种各样的现象与生态系统变化联系起来，成为生态管护员。

# 第二章
# 《生物多样性公约》履约的中国模式

从全球来看，完成《生物多样性公约》等国际公约的履约目标存在共性难点，但中国履约模式易于克服难点：中央在决策层面判断"大事"、集中力量，并通过规划、考核、资金三方面主导手段将力量层层传导到执行层面，使国际公约目标转化为有执行保障机制的国家任务。这在将联合国《气候变化框架公约》国际目标转化为中国的"双碳"目标和中国国家公园建设中已成效初显。但"昆蒙框架"迄今还未实现类似的转化，国家生物多样性战略行动计划的工作仍然类似部门工作而非"双碳"目标那样成为多数部门和各层级政府的刚性任务。对现阶段的中国完成"昆蒙框架"目标和《中国生物多样性保护战略与行动计划（2023—2030年）》（即中国的NBSAP）而言，依托党的二十届三中全会的任务和相关工作机制，可以将"昆蒙框架"和《行动计划》中的多数行动目标转化为地方各级党委政府的刚性任务并带动社会各界参与，其中细化和优化"全面推进以国家公园为主体的自然保护地体系建设"工作最便于完成与就地保护、公平惠益分享和主流化相关目标，这样才能在完成"昆蒙框架"目标中体现中国履约模式的优势。仙居尽管只是一个县，其做好生物多样性工作仍然需要这种做法助力，本章就是对此的分析。

2020年，联合国《生物多样性公约》秘书处发布的第五版《全球生物多样性展望》①显示，全球首个以十年为期的生物多样性保护行动计划——"爱知目标"没有一个完全实现②。2021—2022年，中国作为《生物多样性公约》（CBD）第十五次缔约方大会（COP15）主席国，推动达成"昆明-蒙特利尔全球生物多样性框架"（简称"昆蒙框架"），擘画了2030至2050年的全球生物多样性治理新蓝图。如何将雄心转化为实际行动，实现"昆蒙框架"提出的"在2030年前遏制并扭转生物多样性加速丧失局面"目标成为每个缔约国需要面对的问题③。2024年召开的COP16因为未完成既定目标又需要在2025年补开第二阶段会议后，"昆蒙框架"的实现难点全面凸显出来，这其中多数难点是"爱知目标"未能完成的原因持续导致的。而中国不仅对"爱知目标"的完成程度较好④，在完成联合国《气候变化框架公约》（以下简称《气候公约》）上的进展更是世所瞩目，过去十年的国家公园体制建设也使中国的生物多样性就地保护迅速获得了在全球范围领先的体制支撑，这其中的重要经验是国际公约的中国履约模式。这种模式利用"集中力量办大事"的政治体制将国际公约目标转化为层层传导的各级党委政府目标，使国际公约目标成为自上而下、各级多方合力的国家考核任务。研究这种模式的特点及其应用条件，对中国完成"昆蒙框架"和推动全球履约都具有理论意义和实践意义。

---

① 生物多样性公约秘书处. 第五版《全球生物多样性展望》[EB/OL]. (2020-09-15)[2024-12-28]. https://www.cbd.int/gbo5.

② 2010年在日本爱知县召开的联合国《生物多样性公约》COP10会议上通过的《2011—2020生物多样性战略计划》，其中提出5个战略目标、20个行动目标。例如，目标2是最迟到2020年，生物多样性的价值被主流化到国家和地方的发展、减贫战略以及规划过程中，并以适当的方式纳入国家核算与报告体系。这在绝大多数国家未能做到。

③ 马克平.《昆明-蒙特利尔全球生物多样性框架》是重要的全球生物多样性保护议程[J]. 生物多样性，2023,31(04):5-6.

④ 必须认识到，这种较好是相对的，从绝对意义上看，中国在过去十多年也未能遏制生物多样性的明显下降，有官方报告为证：2015年7月中国公布的《中国实施千年发展目标报告》，中国提前完成了多个千年发展目标，唯一未达标的一项是7B项，即"降低生物多样性丧失，到2010年显著降低生物多样性降低的速度"。

## 2.1 完成《生物多样性公约》全球目标的共性难点和原因

"爱知目标"仅有少数被部分实现或取得积极进展,没有一个目标完全实现,表面上这是目标设置不够量化、缺乏具体引导性规范和资金支持不够带来的问题,其实是更深层次的两个原因导致的:①"爱知目标"与经济社会发展目标(通常这才是一个国家的主流目标)关联不大。本身以逆转生物多样性丧失为主要目标(20个行动目标中有12个是单纯保护)、侧重于保护的"爱知目标"忽视了生物多样性保护与经济社会发展的内在联系,因而难以形成多方完成目标的主动性。②完成"爱知目标"没有形成社会合力,对各级政府和利益相关者而言没有强有力的机制推动完成目标的工作,这也是原因①最底层的制度成因。

这种情况与生物多样性工作的特点和政治体制有关。首先,生物多样性严重下降对人类社会的危害比较间接且漫长,难以像环境污染治理那样获得民意的高度支持。在这种民意认知基础上,民选政治体制可能导致政府能力有限①,难以推动各方都重视生物多样性保护工作并参与进来。而且,政府层级不同,利益结构也不同:即便高层级政府重视,必须更多关注眼前经济利益的低层级政府以及政府各部门也因为利益结构不同难以真正的重视,在生物多样性保护工作中各个层级政府及政府各部门还存在职能交叉、权责不明等情况,这割裂了生物多样性保护的整体性,使政府调动并监督各方参与生物多样性保护工作的能力明显降低。例如,法国生物多样性署(简称OFB)是欧洲乃至世界上第一个中央级别的、真正运行的专职于生物多样性保护的

---

① 许多实行大范围票选制的国家在确定政府重大事项乃至政府换届时,高度重视民意取向或影响较大的利益集团取向,这样在多数国民没有认知到某项事务重要性的时候就不会将这项事务列为重大,这对一些需要前瞻性的重大事项(如应对气候变化、生物多样性保护等)就容易形成国民认知不够——政府不敢导引认知——国民认知继续不够的恶性循环。在前述各方对于生物多样性主流化持多元立场的情况下,这种情况的负面后果会尤其明显。

机构（其也直接管理法国 11 个国家公园）。依据相关法规，OFB 由法国生态转型部、农业部、粮食部共同监管，但最终由哪个部门负主责并提供相关行政资源却不明晰；同时，大部制改革在带来集约效果的同时也放大了法律供给的不足和中央—地方政府间的矛盾：地方政府认为中央层面的法规与政策不适合当地情况而拒绝 OFB 的进入，同时 OFB 又因为无权管理地方所有的土地使得其功能发挥有限。利益冲突以及中央和地方的矛盾，使得 OFB 与激进主义者和民间团体间的摩擦不断[1]。对另一个重要的参与方企业而言，在没有眼前经济利益且既有社会责任框架以及 ESG（Environmental, Social and Governance，即环境、社会和公司治理评价体系）中对生物多样性还没有高度重视的情况下，企业较少参与到完成生物多样性目标的承诺计划中，目前还远远不如在气候变化方面的参与广度和深度。截至 2023 年，在标准普尔欧洲 350 指数中的大型公司中仅有约 30% 设定了生物多样性目标。在亚太地区和美国主要上市公司中，设定与自然保护相关目标的公司比例更小[2]。这种情况可用公共管理学理论概括：在生物多样性工作方面，多中心治理模式较难实现或实现后的效率也不高，在形成社会共识和强有力的执行制度前，自上而下的单中心治理模式有可能因为前瞻性、强制性更有效[3]。中国的体制在做好生物多样性工作时可能更有效也是有理论支持的。

为实现 2050 愿景与 2030 年使命，"昆蒙框架"分别设置了生物多样性状态（A）、可持续利用生物多样性（B）、公平公正分享惠益（C）及提供执行保障（D）等 4 个 2050 年全球长期目标，以及 23 个以行动为导向的全球目标，

---

[1] OFB 是世界上第一个中央级别的、真正运行的专职于生物多样性保护的机构。OFB 具有独立法人资格，具有执行和监督政策实施的权力，理论上可以在自主判断的基础上制定全国的生物多样性保护政策，但实际上能力不足，常常妥协于现实压力。法国《世界报》就披露多起针对 OFB 执法人员的人身威胁事件；法国自然协会也曾刊文批评 OFB 没有顶住来自猎人协会的压力而给予其过多的理事会成员名额。

[2] 资料源自国际评级机构标准普尔。

[3] 李文钊. 理解治理多样性：一种国家治理的新科学 [J]. 北京行政学院学报，2016(06):47-57.

分为减少对生物多样性的威胁（目标1-8）、通过可持续利用和惠益分享以满足人类需求（目标9-13）、执行和主流化的工具和解决方案（目标14-23）3个方面。可以看出，"昆蒙框架"相对"爱知目标"强化了可持续利用和惠益分享以及主流化等方面的内容，对克服共性难点的原因①有帮助，但对原因②还看不到系统的应对方案。在完成"爱知目标"上中国的成效相对较好，却也难称圆满完成，这是因为中国在《生物多样性公约》履约上并未如《气候公约》那样充分借助中国体制的力量。

## 2.2 国际公约的中国履约模式及其局限性——以"双碳"目标和国家公园建设为例

中国完成"爱知目标"相对较好，这有 2012 年以后贯彻实施生态文明战略的时代背景，更源于自上而下的党委政府主导重要工作时形成的"集中力量办大事"的政治体制：**中央在决策层面判断"大事"、集中力量，并通过规划、考核、资金三方面主导手段将力量层层传导到执行层面，使国际公约目标转化为有执行保障机制的国家任务——这就是国际公约的中国履约模式。**这样，即便国际公约目标设置不尽合理或全面，在中国体制下与目标相关的国家任务也能完成得较好。与"集中力量办大事"的体制特点结合得越紧密，完成效果就越好，可以《气候公约》履约和国家公园建设来看这样的效果和过程。

### 2.2.1 在《气候公约》履约中体现出的履约优势

过去十多年来，《气候公约》履约任务在中国被一系列制度性举措转化成了各级政府和大多数部门的刚性任务并带动了企业界的积极参与。地方政府积极应对气候变化始于 2007 年。在此之前，气候变化一直被当作中央政府处理的国际问题，并且被认为是超出地方政府管辖范围和职责的问题。2007年，中央成立了由国务院总理任组长、30个相关部委为成员的国家应对气候变化及节能减排工作领导小组，各省均成立了省级应对气候变化及节能减排工作领导小组。随后相关履约任务通过纳入国民经济社会发展规划并形成约束性指标[1]、建立应对气候变化目标分解落实机制并考核、建立涉及多数部门并有资金支持的政策体系等逐渐形成了包括决策和执行层面保障机制的中国履约模式，最终在"双碳"目标政策体系中集大成：①将国际公约任务转化成了短中长期兼顾的国家刚性目标。2020年9月22日，国家主席习近平在第七十五届联合国大会上宣布，中国力争2030年前二氧化碳排放达到峰值，努力争取2060年前实现碳中和目标。②在完成国家目标上形成了社会合力，对各级政府和利益相关者形成了强有力的推动机制。2021年10月，中共中央、国务院印发的《关于完整准确全面贯彻新发展理念做好碳达峰碳中和工作的意见》提出了碳达峰碳中和"1+N"政策体系（"1"为对碳达峰碳中和这项重大工作进行系统谋划、总体部署）[2]，重点领域和行业的配套政策也与此对应陆续出台。党的二十届三中全会文件更是明确规定"十五五"时期我国将从"能耗双控"转向"碳排放双控（约束性指标）"，把重大改革落实情况纳入监督检查和巡视巡察内容，并细化了政策和资金支持领域，这就将前述三方面主导手段都落到了实处，并通过"1+N"也带动了企业和社会组织在履约中各尽所长。

当前，中国体制优势在《气候公约》履约中已经显现出强大的效能，但是在《生物多样性公约》履约上还比较弱（Box1）。

---

[1] 高风. 《联合国气候变化框架公约》二十年与中国低碳发展进程 [J]. 国际展望，2013(04):1-11+139.
[2] 2021年10月《中共中央　国务院关于完整准确全面贯彻新发展理念做好碳达峰碳中和工作的意见》以及国务院《2030年前碳达峰行动方案》共同构建了中国碳达峰、碳中和"1+N"政策体系的顶层设计。

Box 1　中国应对气候变化和生物多样性保护的工作机制比较（根据《中国应对气候变化的政策与行动》白皮书[①]和《中国的生物多样性保护》白皮书[②]）

1. 在统筹协调方面：①2007年成立由国务院总理任组长，30个相关部委为成员的国家应对气候变化及节能减排工作领导小组，各省均成立了省级应对气候变化及节能减排工作领导小组。2021年，中国成立碳达峰碳中和工作领导小组。各省陆续成立碳达峰碳中和工作领导小组，加强地方碳达峰碳中和工作统筹。②2010年成立由分管生态环境保护的国务院副总理任主任、23个国务院部门为成员的中国生物多样性保护国家委员会。

2. 在纳入国民经济社会发展规划方面：①自"十二五"开始，将单位国内生产总值（GDP）二氧化碳排放（碳排放强度）下降幅度作为约束性指标纳入国民经济和社会发展规划纲要，并明确应对气候变化的重点任务、重要领域和重大工程；"十四五"规划将"2025年单位GDP二氧化碳排放较2020年降低18%"作为约束性指标。各省均将应对气候变化作为"十四五"规划的重要内容，明确具体目标和工作任务。②"十四五"规划明确将实施生物多样性保护重大工程、构筑生物多样性保护网络作为提升生态系统质量和稳定性的重要工作内容，但未设定约束性指标，缺乏具体目标。

3. 在落实机制方面：①建立应对气候变化目标分解落实机制。为确保规划目标落实，综合考虑各省发展阶段、资源禀赋、战略定位、生态环保等因素，分类确定省级碳排放控制目标，并对省级政府开展控制温室气体排放目标责任进行考核，将其作为各省领导综合考核评价、干部奖惩任免等重要依据。省级政府对下一级行政区域控制温室气体排放目标责任也开展相应考核，确保应对气候变化与温室气体减排工作落地见效。②未形成目标分解落实机制。

4. 在政策体系方面：①制定并发布碳达峰碳中和工作顶层设计文件，编

---

[①] 国务院新闻办公室. 中国应对气候变化的政策与行动 [EB/OL]. (2021-10-27)[2024-12-20]. https://www.gov.cn/zhengce/2021-10/27/content_5646697.htm.

[②] 国务院新闻办公室. 中国的生物多样性保护 [EB/OL]. (2021-10-08)[2024-12-20]. https://www.gov.cn/zhengce/2021-10/08/content_5641289.htm.

制 2030 年前碳达峰行动方案，制定能源、工业、城乡建设、交通运输、农业农村等分领域分行业碳达峰实施方案（明确了企业在其中的参与方式和责权利），积极谋划科技、财政、金融、价格、碳汇、能源转型、减污降碳协同等保障方案，进一步明确碳达峰碳中和的时间表、路线图、施工图；②发布实施《中国生物多样性保护战略与行动计划（2011—2030 年）》。北京、江苏、云南等 22 个省级行政区制定了生物多样性保护战略与行动计划，但主要是生态环境部门的工作，资源、能源、工业、城乡建设、交通运输、农业农村等生物多样性紧密相关部门基本无实质性配合举措。

### 2.2.2 在国家公园建设中体现出的执行力优势

在传统的生态环境领域还有个既往的边缘化工作被主流化的范例——以国家公园为主体的自然保护地体系建设[①]。自然保护地既往只是环保、林业、住建等的部门工作且在这些部门中也非主流，从党的十八届三中全会提出"建立国家公园体制"并作为中央督办的重要改革任务后，国家公园体制试点及创建工作成为多个部委（包括在中国对社会事业发展中具有基础性和引导性作用的发改、财政和机构编制部门）和相关地方党委政府的刚性任务，三方面手段逐渐到位：国家公园体制试点和国家公园创建工作被列入多个省的"十三五""十四五"规划中，多个部委在开展改革任务检查和督察的同时也从资金到编制都给予了空前的支持[②]。

这种支持的结果就是作为生物多样性就地保护重要措施的国家公园建设被主流化：国家公园是生态文明体制改革整体进展最快、最系统的领域，依托以国家公园为主体的自然保护地体系建设，中国在与国家公园相关的生物

---

① 苏杨，张海霞，何昉，王蕾，苏红巧，邓毅. 中国国家公园体制建设报告（2021—2022）[M]. 社会科学文献出版社，2022.
② 蔡颖莉，朱洪革，李家欣. 中国生物多样性保护政策演进、主要措施与发展趋势[J]. 生物多样性，2024,32(05):25-34.

多样性工作方面进展最系统也最快①，在有国家公园地域的生物多样性就地保护工作在省、市、县等多个政府层面被主流化，形成了较有力的可能与履约相关的工作机制②。其经验也正是自上而下的三方面主导手段，这说明了《气候公约》的履约模式乃至履约优势也可能在《生物多样性公约》上体现。

这种局面在党的二十届三中全会文件中再被强化：从党的十八届三中全会的"建立国家公园体制"到党的二十届三中全会的"全面推进以国家公园为主体的自然保护地体系建设""强化生物多样性保护工作协调机制"。可以说，国家公园带来的保护范围扩大和保护力量增强都有制度保障，还带来了管理单位体制、资金机制、社会参与机制的变化并开始建立特许经营机制，这实际上就是与《生物多样性公约》三大目标直接相关的资源的可持续利用和惠益分享的方式多样、力度增大、制度规范。

当然，中国在多个国际公约履约上的成功经验并非只有这种自上而下的主导模式，在对《保护世界文化与自然遗产公约》等履约上也体现了自下而上的主动性③，但这种主动性来自市场经济可能带来的履约回报和局域的政绩认可制度（即潜在的经济利益和政治利益），因此这种履约模式反而在中国的适用范围有限。而且，自上而下的中国履约模式也有两方面国际推广障碍：①其他国家的政府主导力量和自上而下的驱动机制明显不如中国，难以通过政绩考核和项目安排来驱动各级政府和生态环境以外的相关部门；②具体执行NBSAP的政府部门往往没有全局驱动力，而中国的生态环境部门可以把生物多样性的相关工作融入权、钱的制度安排中，如在事后监管上——既有的

---

① 王毅，黄宝荣．中国国家公园体制改革：回顾与前瞻[J]．生物多样性，2019,27(02):117-122．
② 这只是可能，因为国家公园的工作目标也必须与《生物多样性公约》的相关目标直接关联起来才会形成较有力的履约工作机制。
③ 中国已有59项世界遗产列入《世界遗产名录》，成为世界遗产数量增长最快的国家。与《气候公约》的响应机制有所差异，中央基本未对各地实行三方面自上而下的主导手段。在中国的世界遗产申请中，市县级政府对世界遗产申报具有较强的积极性并成为推动执行的主导力量，这背后的原因是地方政府往往考虑到本地景区入选世界遗产名单后区域可能获得的潜在经济利益和政治利益。

中央生态环保督察中加入生物多样性内容，在事前监管上——在环境影响评价制度中重点考虑建设项目的生物多样性等①。

## 2.3 "昆蒙框架"工作与中国体制优势结合的不足

在看到成就的同时，也必须直面中国在"昆蒙框架"迄今的工作中存在的共性问题，直面生物多样性主流化程度不高的问题。2024年1月，生态环境部发布《中国生物多样性保护战略与行动计划（2023—2030年）》，目标设定中的时间节点和行动领域都与"昆蒙框架"呼应，甚至还将"昆蒙框架"中"执行工作和主流化的工具和解决方案"目标拆解为"生物多样性主流化"和"治理能力现代化"两个适应性的本土行动目标②，这样的目标设置使其与中国国情结合得更好，但围绕上述行动目标反观已有履约进展，可发现履约工作存在两方面显著脱节：牵头部门与中央层面其他部委之间的认识脱节，履约进程中央层面与地方层面的任务脱节。

以自上而下的政府主导为特征的国际公约履约的中国模式相对世界上多数国家的履约方式有其优势，但也需要看到这种主导需要层层传导到各级政府和所有相关部门才会落地有效。从COP15以来，尽管有NBSAP这样的重大履约成果和官方宣传稿中的全面总体进展③，但总体上"昆蒙框架"没有像

---

① 事实也说明，没有这些手段的话，中国履约模式也很难应用到自身的"昆蒙框架"工作中，生态环境部门也难有全局驱动力。
② 《中国生物多样性保护战略与行动计划（2023—2030年）》围绕生物多样性主流化等4个优先领域部署了27个优先行动和75个优先项目。
③ 中共中央办公厅、国务院办公厅印发《关于进一步加强生物多样性保护的意见》，发布并实施《中国生物多样性保护战略与行动计划（2011—2030年）》《中国生物多样性保护战略与行动计划（2023—2030）》。云南、江苏、山东等省颁布了省级生物多样性保护条例，河北、黑龙江、江苏、新疆、甘肃、西藏等18个省（自治区、直辖市）先后印发《意见》实施方案，北京、山东、河北、重庆、浙江、黑龙江、海南等陆续更新并发布省级生物多样性保护规划或计划，许多市县也在积极推动地方保护规划制定或更新。

"双碳"目标那样被真正纳入从上到下的主流化体系，目前主要还是生态环境部门主责且没有在生物多样性工作上采用调动和监督其他相关部门工作的刚性手段，缺乏资源、能源、工业、城乡建设、交通运输、林业草原、农业农村等生物多样性紧密相关领域的权责利分明的工作配合，对企业和社会组织也没有"1+N"政策体系来明确务实的参与方式及其权利。

这可以从三方面来说明：①与生物多样性工作密切相关的中央文件也没有注意体现中国履约模式的要求，如2024年发布的《中共中央、国务院关于全面推进美丽中国建设的意见》并未将"昆蒙框架"相关目标明确为刚性任务，只是笼统提了落实"昆蒙框架"。如果在"十五五"规划中不普遍体现相关内容并拆解为考核任务和项目安排，仅靠生态环境部门的工作，2030年的目标是不可能完成的。②没有形成覆盖广泛、力度足够的利益奖惩机制，生物多样性市场本身发育远不如碳市场，且企业和社会组织的参与渠道少、在其中的责任不明。③在完成这个工作中，国家公园仍然是重要领域，但一些方面的忽视和一些工作的薄弱使得仍然有必要将国家公园与"昆蒙框架"的工作结合起来：一方面，国家公园是生物多样性就地保护的主要载体，国家公园工作在中国完成"昆蒙框架"3030目标（到2030年保护至少30%的全球陆地和海洋）中是不可或缺的。中国国家林草局等部门出台了《国家公园空间布局方案》，在党的二十届三中全会中升级了国家公园工作（指出"全面推进以国家公园为主体的自然保护地体系建设"，且到2029年必须完成），将年度中央财政专项资金投入增加到了约50亿元，但还没有制度性地主流化。另一方面，国家公园这个理论上非常国际化的工作却很少有主管部门及具体的管理机构将《生物多样性公约》相关要求和"昆蒙框架"目标直接作为工作任务，绝大多数自然保护地的工作与全面完成《生物多样性公约》等重要国际公约的履约任务是脱钩的，这样世界最大的国家公园体系拥有国可能难以成为世界最大最好的《生物多样性公约》履约国。

中央层面如此，地方政府层面更甚。"十四五"即将结束，但没有一个省将实现"昆蒙框架"目标转化为地方的约束性指标和重大项目，也鲜有按照主流化要求将其体现到五年规划和多部门任务安排中的。即便已经开始了"十五五"规划准备的地方，多数发改、财政等宏观统筹部门也没有考虑履约要求和"昆蒙框架"以及 NBSAP。海南等省，虽然紧随 NBSAP 制定了《海南省生物多样性保护战略与行动计划（2023—2030年）》，但相关工作只限于履约场合和生态环境部门工作，远没有形成像"双碳"目标工作那样以三方面主导手段的各级全域合力，也远不如海南热带雨林国家公园的相关工作。因此，如果地方政府层面没有像"双碳"目标那样对国际公约形成中国履约模式，《海南省生物多样性保护战略与行动计划（2023—2030年）》就可能像2014年发布的《海南省生物多样性保护战略与行动计划》（2014—2030年）那样以文件落实文件，其中提出的"多元化投融资机制基本建立、省域生态产品价值实现机制建设走在全国前列，将海南自由贸易港打造成为中国生物多样性保护的实践范例"等目标的完成不仅缺乏保障机制甚至也无实质性的目标关联[①]，遑论国际目标。

有了这些背景，就可以发现早至2014年就制定的《仙居县生物多样性保护行动计划》难能可贵，但也的确没有将其执行到位的保障机制，即"国家任务、市县有责"是建立在从自上而下的任务机制基础上的，必须与全局性的自上而下的刚性任务（其有执行的保障机制）结合才可能完成生物多样性保护行动计划。

---

① 目前相关工作脱节。例如，海南自由贸易试验区12个先导性项目中，热带雨林国家公园建设与全球动植物种质资源引进中转基地建设、国家南繁科研育种基地建设这两个存在高度关联的生物多样性项目在规划、信息交流、项目设置、进度考核等方面脱节；又如，海南在热带雨林国家公园的相关工作中，不仅与国家公园空间相关的县市有明确的考核目标，不涉及国家公园的县市也通过上下游生态补偿等建立了扶持机制，但"昆蒙框架"的相关工作却没有成为任何一个县市的考核指标，也没有明确支持履约的资金来源。

## 2.4 与党的二十届三中全会刚性任务衔接的强化"昆蒙框架"完成力的措施

过去四十多年来，每两届的党的三中全会一般会在会议文件（简称《决定》）提出未来十年的重大改革任务并形成以上率下、多方联动完成任务的局面，这个过程中有目标、有手段、有保障、有监督，堪称中国体制特色。考虑到生物多样性工作难以像应对气候变化工作那样覆盖全域全社会和已有较好的市场基础，"昆蒙框架"难以像"双碳"目标一样以自上而下的"1+N"政策体系及配套的主导手段来推动落实，用"搭其他刚性任务的便车"的方法来助力完成更具操作性。

借鉴党的十八届三中全会使国家公园工作主流化的成功经验，**"昆蒙框架"在中国体制下成为主流工作目标同样可借助党的三中全会的任务安排及由其引发的相关部委、地方政府联动**。目前工作的核心是把党的二十届三中全会的要求与国际目标及下一个五年的国家任务结合，这样既体现中国履约的新模式，也使新质生产力等党的二十届三中全会的重点内容与保护结合起来①，真正解决保护和发展两张皮的问题。从履约角度来看，这相当于用中国的模式统筹了《生物多样性公约》三大目标，使地方政府愿意在发展工作（而非既往那样只在保护工作）中把生物多样性主流化。

党的二十届三中全会报告不仅指导未来十年的重大改革任务，且第一次要求相关工作须在2029年完成（"到二〇二九年中华人民共和国成立八十周年时，完成本决定提出的改革任务"）。如果将"昆蒙框架"与其结合并体现在各层级地方政府和各部委的"十五五"规划中，有的成为约束性指标，这就结合中国体制优势体现了生物多样性主流化。目前这些相对总体完成"昆蒙框

---

① 梁文婷, 王蕾, 苏杨. 以游憩为主要形式的国家公园生态产业化的难点及其破解思路——新质生产力视角 [J]. 旅游学刊, 2024,39(07),13-15.

架"和主流化而言仍显零散的工作进展，难以发挥中国体制最大的优势——在有目标、有手段、有保障、有监督的情况下成为各级政府的考核工作目标并安排重大项目。而且，这本身也是行动目标14（见 Box2）。这种情况下，从研究角度必须拆解昆蒙框架中较难完成的目标及将其转化为政府主流工作存在的短板乃至漏洞，可在 Box2 中举例如下（详细内容见本书附件）。

---

Box2 党的二十届三中全会的任务与"昆蒙框架"行动目标的结合点（根据"昆蒙框架"目标①和《决定》②）

1. 行动目标11：①恢复、维持和增进自然对人类的贡献，包括生态系统功能和服务，例如调节空气、水和气候、土壤健康、授粉和减少疾病风险，以及通过基于自然的解决方案和/或基于生态系统的方法造福人类和自然。②落实生态保护红线管理制度，健全山水林田湖草沙一体化保护和系统治理机制，建设多元化生态保护修复投入机制。

2. 行动目标14：①确保将生物多样性及其多重价值观充分纳入各级政府和所有部门特别是对生物多样性有重大影响的部门的政策、法规、规划和发展进程、消除贫困战略、战略环境评估、环境影响评估，并酌情纳入国民核算，逐步使所有相关的公共和私人活动、财政和资金流动与《框架》的长期目标和行动目标相一致。纳入政策、法规、规划和发展进程。②建立生态环境保护、自然资源保护利用和资产保值增值等责任考核监督制度。

---

可从以下三个方面强化"昆蒙框架"完成力，以在执行层面解决前述两个脱节问题并推动多方参与。

地方政府及相关部门方面，相关部门和省市县政府在生物多样性治理方面取得积极进展的同时，仍然面临各地重视程度不同、奖惩两方面激励都不足等挑战。为此，首先对应于《决定》中的"建立生态环境保护、自然资源保护利用和资产保值增值等责任考核监督制度"，将"昆蒙框架"中较难完成的目标转化为"十五五"期间各级党委政府要接受考核和担责的工作任务，并建立激励机制，把重大改革落实情况纳入监督检查和巡视巡察内容；然后要制定生物多样性主流化的指南，明确工作路径和方法，指导生物多样性保护相关方更好参与；还要鼓励地方进行生物多样性试点示范，以鼓励各地探索因地制宜的履约方法，尤其在其他有效区域保护措施(Other Effective area-based Conservation Measures，简称 OECMs) 方面获得创新。为了确保地方政府尽责尽力，应在中央生态环保督察中加入 NBSAP 相关内容（如对重点生态功能区所在县的 3030 目标完成情况和 NBSAP 指标体现在"十五五"规划中的情况，对省市级地方政府自然资源、农业农村、能源、住建规划乃至财政等部门在支持生物多样性工作上的投入和项目安排，对国家公园所在县的全口径对标 NBSAP 完成情况等）以强化负向激励，对应于《决定》中的建设多元化生态保护修复投入机制、利用美丽中国建设的项目资金和要素保障及绿色金融工具等，支持相关部门设计和推进生物多样性相关项目以强化正向激励，由此弱化两个脱节。其中尤其要强化各种行政资源较丰沛的省级相关部门对生物多样性较重要的县的支持力度考核。

企业方面，近年来参与生物多样性治理的企业数量明显增加但意识到生物多样性重要性的比例仍然较低，且生物多样性的市场产品和金融工具都匮乏。为此，应当多措并举、以正向激励为主鼓励企业进行生物多样性保护和可持续利用。例如，通过建立环境、社会及治理（ESG）报告等制度，明确要求将生物多样性纳入企业社会责任报告，并作为单独章节；在政府主导下将生物多样性保护融入企业生产全链条，从而带动企业尽力；打造一批生物多样性友好型试点企业，并从税收减免和绿色金融工具方面予以正向激励。

社会组织方面，对一些社会组织存在的缺少资金、参与保护途径受限、国际影响力不够等问题，应制定社会组织参与生物多样性治理的指导性文件，明确其参与和监督的方式和边界；引导社会组织参与生物多样性基金的申请与利用，并积极与国外政府、科研机构和国际组织开展合作，传播中国履约模式，以增强中国在完成"昆蒙框架"中的全球引领作用。

# 第二篇

# 仙居的生物多样性资源、工作及其国家代表性

# 第三章
# 仙居县既往以国家公园为抓手的生物多样性工作总结

浙江省台州市仙居县生物资源丰富，是浙江29个生物多样性调查评估的重点区域之一。在生物多样性工作上，仙居以仙居国家公园试点建设为抓手[①]，按照"保护与开发双赢、职责高度统一、管经分离和可复制推广"的原则，积极探索生物多样性保护的"仙居模式"，有力推动本土特色生物资源为仙居"两山"转化贡献力量[②]。可以将其以仙居国家公园为主要依托的生物多样性工作总结为以下五个方面。

1.国家公园，构筑严格的保护体系。仙居早在2014年就制定并实施了全国首个县级生物多样性保护行动计划——《仙居县生物多样性保护行动计划（2015—2030年）》，确立了仙居15年内的工作任务。与此同步，仙居县根据原环境保护部的正式批复，开始了仙居国家公园建设试点，强化了生物多样性的就地保护。其打破按要素管理设置分部门管理的模式，整合自然保护区、风景名胜区、森林公园、地质公园等部门的管理职能，由仙居国家公园管理

---

[①] 原环境保护部于2014年批复浙江省开化县、仙居县开展国家公园建设试点。尽管在2015年由国家发改委牵头进行的国家公园体制试点中仙居国家公园未能入列（浙江省是试点省，浙江省的试点区当时被确定为开化国家公园），但仙居县一直按照国家公园体制试点的标准且以仙居国家公园管理委员会的形式牵头开展相关工作，这些工作的空间范围和工作机构均确定，与仙居县的其他生物多样性工作相比具有相对独立性，一直延续到2024年底。为了保证本书的描述和分析的"原真性"和"完整性"，本书仍然以仙居国家公园为单元专门讲述其生物多样性资源和生物多样性工作。

[②] 台州市生态环境局.台州仙居：7年生物多样性保护结硕果[EB/OL].(2020-11-17)[2024-12-20]. https://sthjj.zjtz.gov.cn/art/2020/11/17/art_1229139667_58940137.html.

委员会统筹实施分区管理和分级保护。仙居县在2016年还颁布了《关于在仙居国家公园规划范围内设立禁猎区的决定》，全面禁止国家公园范围内一切非法猎捕、妨碍生息繁衍、破坏栖息地的活动。其后，仙居县又在2018年发布了《关于加强陆生野生动物保护规范狩猎活动的通告》，对禁猎的空间和时间做出了优化①。

2. 广泛学习，建立国内外伙伴关系。与生态环境部（原环境保护部）对外合作中心、南京环科所等机构签订战略合作协议，与法国孚日大区公园签订"姐妹公园"战略合作框架协议，加强与世界自然基金会（WWF）、世界自然保护联盟（IUCN）等国际机构的合作。申请到法国开发署（AFD）7500万欧元贷款，合作开展"仙居县域生物多样性保护及发展利用示范工程"项目；利用全球环境基金（GEF）赠款，实施国内首个生物多样性新型碳汇项目。

3. 夯基促效，以行动落实保护计划。开展永安溪流域生态修复工程，构建永安溪水系廊道②；实施天高尖、茅草山等地块废弃矿山生态修复工程，恢复生物栖息地。连续开展生物多样性调查，建成动物监测样线8条，设置红外相机140台、1公顷固定监测样地4个、400m²固定监测样方10个，共记录物种2046种，验证了中华穿山甲、黑麂、中华斑羚、豹猫、白头蝰、栗头鳽等珍稀濒危动物在仙居的分布记录，发现了10个以仙居命名的新物种。开展仙居国家公园的生物多样性和生态系统服务价值评估（GEP），初步估算其总价值为56亿元。

---

① 空间范围扩为：仙居国家公园（包括仙居国家级森林公园、浙江仙居括苍山省级自然保护区、大神仙居景区、公盂景区、景星岩景区和淡竹乡全部）、浙江仙居永安溪省级湿地公园、仙居括苍省级森林公园、仙居木口湖省级森林公园、安岭龙潭坑自然保护小区、上张方山自然保护小区、下各外湾七子花自然保护小区、响石山景区；时间范围为"禁猎期严禁猎捕陆生野生动物。鸟类、两栖类（蛙类）、爬行类（蛇类）陆生野生动物全年禁止猎捕；兽类禁猎期为每年3月1日至10月31日"。

② 这项工作对仙居县两栖爬行动物保护意义重大，在本丛书的《两栖爬行动物的环境指示作用及其在仙居国家公园的体现》一书中有专门介绍和分析。

4. 科学利用，拓宽资源富民新通道。积极建设杨梅、仙居鸡等遗传资源品牌增值体系，仙居杨梅已通过国家绿色食品认证、原产地保护认证、地理标志认证，形成独特的杨梅经济。创成省级仙居鸡示范性全产业链，建成国内唯一的仙居鸡祖代种鸡场。仙居鸡品牌价值达12亿元，年产值达1.6亿元，成为全国土鸡养殖标志性品种。

5. 广泛宣传，积极引导公众参与。建设仙居生物多样性科教中心工程，开通仙居电视台国家公园频道、官方微信公众平台，成立仙居县自然学校、仙居县野生动物保护协会等，多维度、多形式地引导全民参与生物多样性保护工作。仙居生物多样性保护的社会正能量得到了新华社、中央电视台、浙江卫视等主流媒体的接力传递。

# 第四章
# 仙居国家公园的生物多样性资源和相关工作

## 4.1 仙居国家公园和相关自然保护地的基本情况

仙居国家公园处于浙江省仙居县南部,位于北纬 28°28′14″—28°59′48″,东经 120°17′6″—120°55′51″,东、北、西三面与仙居县上张乡、田市镇、白塔镇、淡竹乡、蟠滩乡和横溪镇相接(主体面积在淡竹乡境内),南接永嘉县(见图 4-1)。仙居国家公园南北宽 21.10 千米,东西长 20.84 千米,规划总面积为 301.89 平方千米,外围管护区 44.81 平方千米。其包括仙居国家级风景名胜区、仙居国家森林公园、括苍山省级自然保护区和神仙居国家地质公园(原为省级

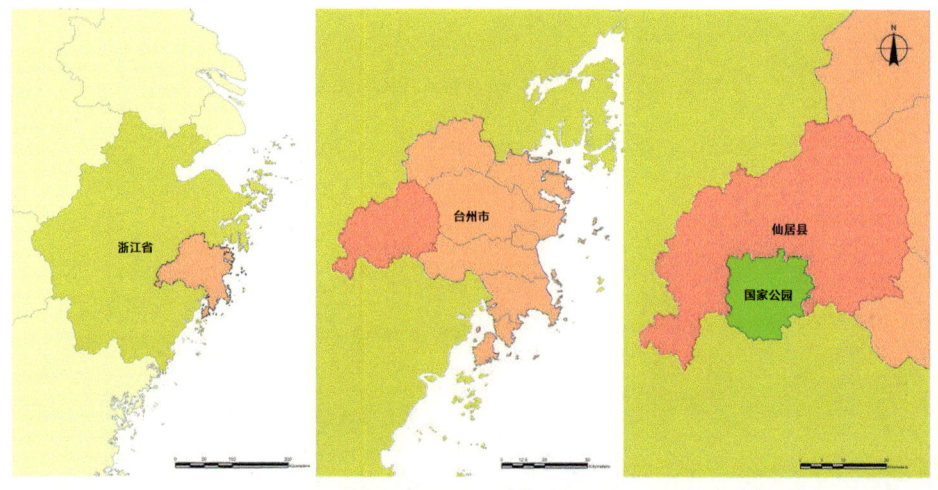

图 4-1 仙居国家公园地理位置

地质公园，仙居国家公园设立后，其中的神仙居地质公园于 2018 年升格为国家地质公园，具体参见以下专栏 1 的介绍）。其火山流纹岩地貌在太平洋西岸具有典型性和稀缺性，因此形成的景观是仙居县和仙居国家公园的标志性景观（见图 4-2 和图 4-3）。

仙居国家公园根据保护强度和主要功能不同，可分为严格保护区、重要保护区、限制利用区和利用区，编制生态保护、科研监测、生态旅游、宣传教育和资源可持续利用总体规划。

仙居国家公园内动植物区系成分复杂、种类繁多，分布有大量的珍稀野生动植物，具有典型性、原始性、珍稀性、独特性等四大显著特性；植被是中亚热带中低海拔常绿阔叶林；大片林分起源比较原始，基本呈自然原生状态，是浙江省南部保存最为完整的一片中低海拔天然阔叶林，其中分布着大量数百年乃至上千年的古树和古树群落，分布的华东楠植物群落是华东地区保存较完整的华东楠植物群落；区内分布着较多国家重点保护动植物资源，且是 11 种植物的模式标本产地；分布着近万株刺叶栎，这是浙江省唯一分布地，是稀有的种质资源，具有很高的保护和科学研究价值。

图 4-2　仙居国家公园中的神仙居国家地质公园的标志性景观

图 4-3 以仙居县城区为背景的仙居国家公园火山流纹岩地貌

**专栏 1　神仙居国家地质公园**

　　仙居国家公园整合的神仙居国家地质公园是一座以白垩纪破火山和流纹质火山岩地貌景观为主题的地质公园，由西罨寺、公盂岩和景星岩三个景区组成，涵盖了地貌景观、水体景观和地质剖面等七大地质遗迹类型。2018年，神仙居地质公园入选第八批国家地质公园。作为神仙居地质公园的核心景观，西罨寺破火山系统地记录了火山爆发、塌陷、沉积、复活穹起的完整地质过程，其形成、演化不仅是中国，也是西太平洋亚洲大陆边缘巨型火山带复活型破火山的典型代表。它不仅颇具美学价值，更具极高的科学研究价值。一亿二千万年前，古太平洋板块向欧亚大陆的俯冲，引发了神仙居核心区西罨寺等地长达一千余万年的火山活动。之后，数百万载的地质运动让巨厚的流纹质火山岩熔岩平台内部裂隙丛生，水流、大风等因素沿着裂隙长驱直入破坏岩石，最终山崩地裂，形成了台、峰、嶂、谷、瀑潭、洞穴、石门、柱状节理、球泡构造、断层形迹等25种景观类型。

　　神仙居地质公园是地质多样性与生物多样性相得益彰的典范，在罕见的地质景观基础上的生物多样性资源也很丰富。首先是具有丰富的动植物资源。公园内的植被虽然大部分属于次生林，但在公园南侧俞坑和朱沙坑还保存30~40km²的亚热带常绿阔叶林天然林，其中有部分是原始林，这是研究常绿阔叶林生态学过程的重要基地。常绿阔叶林有良好的总体景观效应，为峰谷遍染翠色，色彩、空气、环境都有着宜人的山野情趣，呈现出"幽"深的意境。由于人类活动的影响，常绿阔叶林退化的植被类型占林地的大多数，而公园马尾松林演进过程各个阶段的植被类型都存在，这使研究马尾松林植被类型的演替过程成为可能，通过对这些植被类型的研究，可以确定山林的经营和改造方向，为森林经营和林业生产提供理论基础。同时，公园也是个巨大的基因库，保存着比较丰富的植物区系和资源植物，有珍稀濒危植物25种，如长叶榧和南方红豆杉；珍稀野生动物30多种。因此，在植物系统学、植物区系和动物学的研究上有重要的价值。公园内有许多古树名木，有松、柏、枫香等常见树种，也有红豆杉、苦槠、柳杉、甜槠等较独特的树种。古树名木，既具有富于生命力的自然造型，又可见到历史的沧桑，树、溪、村落共同组成如画的田园风光。尤其朱沙坑的原始林，位于公园外围西南角，面积达4000多亩。其由于这个区域交通不便得以长期保存，是公园内保持自然状态时间最长的林区。林区境内小气候独特，从海拔1134米的山峰到396米的沟底，相继过渡分布着落叶阔叶林、常绿针叶林、针叶阔叶混交林、常绿阔叶林，垂直分布明显，林相完整。经初步调查，其中有被子植物近千种，其中不乏珍稀名贵树种，是科学研究、考察的优良场所。

神仙居地质公园内的动物区系属东洋界北缘，与古北界接近，南北种类的各种动物多有分布。在区内分布的动物中，两栖动物以东洋界华中区种类为优势种，爬行动物以华中华南区种类为优势种，鸟类以东洋界种类为优势种，兽类以东洋界种类为优势种，昆虫仍以东洋界种占优势。区内的生物地理动物群为亚热带灌林草地动物群及农田动物群。在浙江省动物地理区划中，被划为浙东南及沿海岛屿地理区域——浙东丘陵动物区。仅以2015年的数据看，公园内分布的脊椎动物共有31目75科265种。其中哺乳纲（兽类）8目19科43种，鸟纲13目30科117种，爬行纲3目7科39种，两栖纲2目5科17种，鱼类5目14科49种。从这些数据指标看，神仙居地质公园的物种多样性构成了仙居国家公园和仙居县物种多样性的主体。

## 4.2 仙居国家公园的生物多样性

### 4.2.1 森林生态系统

仙居国家公园的森林植被类型相对丰富，植被类型主要有暖性针叶林、常绿阔叶林、落叶阔叶林、常绿落叶阔叶混交林、针阔混交林、竹林、灌丛、人工植被等。尤其是沟谷地带的常绿阔叶林，无论从群落组成和年龄结构，都显示了一定的原生性和特有性。

表 4-1 仙居国家公园主要植被类型

| 植被类型 | 群落组成 |
| --- | --- |
| 针叶林 | 黄山松林、杉木林、长叶榧林、柏木林、马尾松林 |
| 针阔叶混交林 | 马尾松枫香林、马尾松锥栗林、马尾松甜槠林、杉木枫香林 |
| 阔叶林 | 甜槠林、甜槠钩栲林、甜槠木荷林、木荷林、木荷虎皮楠林、红楠林、红楠深山含笑林、钩栲林、红楠蜡瓣花林、华东楠拟赤杨林、华东楠枫香林 |
| 竹林 | 毛竹林 |
| 灌丛和灌草丛 | 山地矮林、乌冈栎 |
| 经济果林 | 杨梅林、柑橘林、柿子林 |

### 4.2.2 国家/地方重点保护动植物[①]

仙居国家公园具有地形起伏、山谷交错、垂直高差较大、立地条件多样等自然条件，加上优越的气候条件和充沛的降水，形成仙居国家公园生物资源丰富、群落类型多样、生物多样性较高的生态格局。仙居国家公园重点保

---

① 与其他书中罗列的某地的多种动植物不同，本书中的这些资料基本基于仙居国家公园成立以来的实际调查情况，其工作背景如下：2021年10月，仙居县召开仙居国家公园生物多样性调查成果新闻发布会，介绍仙居国家公园生物多样性调查的基本情况。仙居国家公园管委会自2019年起开展植物及脊椎动物科学考察，共记录到物种2044种。其中，珍稀濒危植物94种，其中国家一级重点保护野生植物有1种——南方红豆杉，国家二级重点保护野生植物有25种，包括长柄石杉、长叶榧树、长序榆、中华猕猴桃、春兰等；以松叶蕨、刺叶高山栎、银钟花等为代表的浙江省重点保护野生植物18种。珍稀濒危动物131种，其中国家重点保护野生动物43种，国家一级重点保护野生动物有中华穿山甲、黑麂、黄腹角雉、白颈长尾雉4种；国家二级重点保护野生动物有虎纹蛙、黄缘闭壳龟、角原矛头蝮、林雕、毛冠鹿、中华斑羚、中华鬣羚等40种。

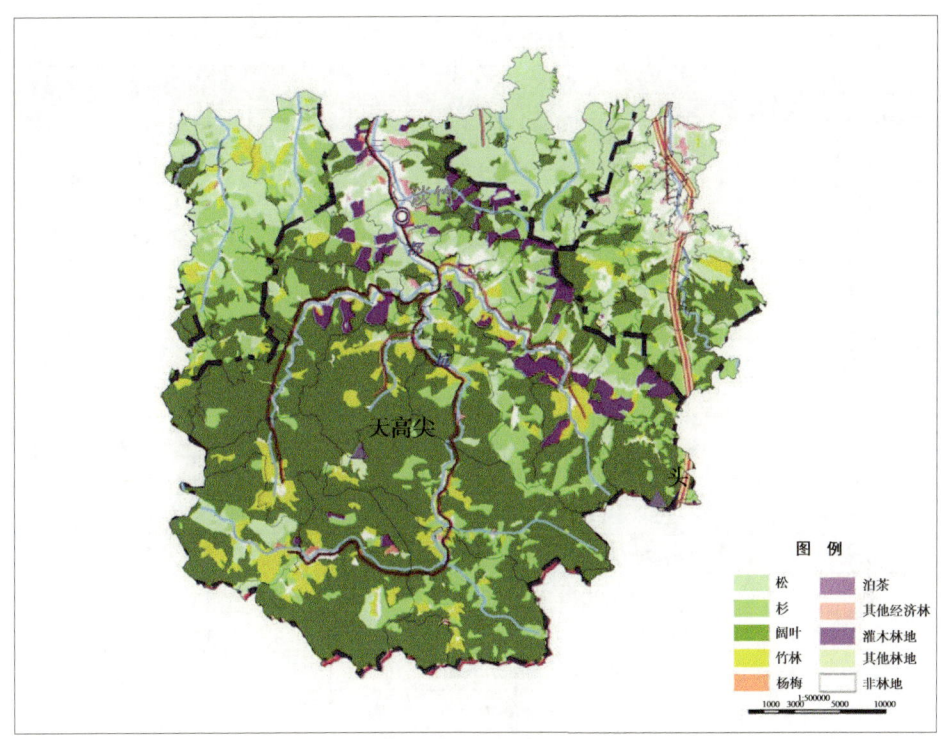

图 4-4　仙居国家公园森林资源分布示意

护的植物见表 4-2。

表 4-2　仙居国家公园植物种类

|  | 科 | 属 | 种 |
|---|---|---|---|
| 蕨类植物 | 23 | 39 | 57 |
| 种子植物 | 138 | 629 | 1423 |
| 裸子植物 | 5 | 13 | 18 |
| 被子植物 | 133 | 616 | 1405 |
| 维管植物 | 161 | 668 | 1480 |

表 4-3　仙居国家公园重点保护植物名录

| 植物名称 | 学名 | 保护级别 |
|---|---|---|
| 南方红豆杉 | *Taxus wallichiana* var. *mairei* | 国家一级 |
| 榧树 | *Torreya grandis* | 国家二级 |
| 长叶榧 | *Torreya jackii* | 国家二级 |
| 樟 | *Cinnamomum camphora* | 国家二级 |
| 浙江楠 | *Phoebe chekiangensis* | 国家二级 |
| 毛红椿 | *Toona ciliate* var. *pubescens* | 国家二级 |
| 花榈木 | *Ormosia henryi* | 国家二级 |
| 榉树 | *Zelkova serrata* | 国家二级 |
| 金钱松 | *Pseudolarix amabilis* | 国家二级 |
| 香果树 | *Emmenopterys henryi* | 国家二级 |
| 野大豆 | *Glycine soja* | 国家二级 |
| 两型豆 | *Amphicarpaea bracteata* subsp. *edgeworthii* | 国家二级 |
| 厚朴 | *Houpoea officinalis* | 国家二级 |
| 凹叶厚朴 | *Magnolia officinalis* ssp. *biloba* | 国家二级 |
| 七子花 | *Heptacodium miconioides* | 国家二级 |
| 金荞麦 | *Fagopyrum dibotrys* | 国家二级 |
| 细果野菱 | *Trapa incisa* | 国家二级 |

其他列入 1991 年出版的《中国植物红皮书》的珍稀植物有 5 种，分别为：黄山木兰（*Magnolia cylindrical*）、紫茎（*Stewartia sinensis*）、明党参（*Changium smyrnioides*）、八角莲（*Dysosma versipellis*）、金刚大（*Croomia japonica*）。

仙居国家公园内脊椎动物共有 31 目 78 科 292 种，其中哺乳纲 8 目 20 科 49 种；鸟纲 14 目 32 科 138 种；爬行纲 3 目 7 科 39 种；两栖纲 2 目 5 科 17 种；鱼类 5 目 14 科 49 种。鸟纲是仙居国家公园内的优势种，占全国脊椎动物总数量的 5.78%，近 300 种。近期有确切发现记录的脊椎动物中有国家一级保护动物白颈长尾雉（*Syrmaticus ellioti*）、黄腹角雉（*Tragopan caboti*）、黑麂（*Muntiacus crinifrons*）、中华穿山甲（*Manis pentadactyla*）4 种，国家二级保护动物有猕猴（*Macaca mulatta*）、斑头鸺鹠（*Glaucidium cuculoides*）等 26

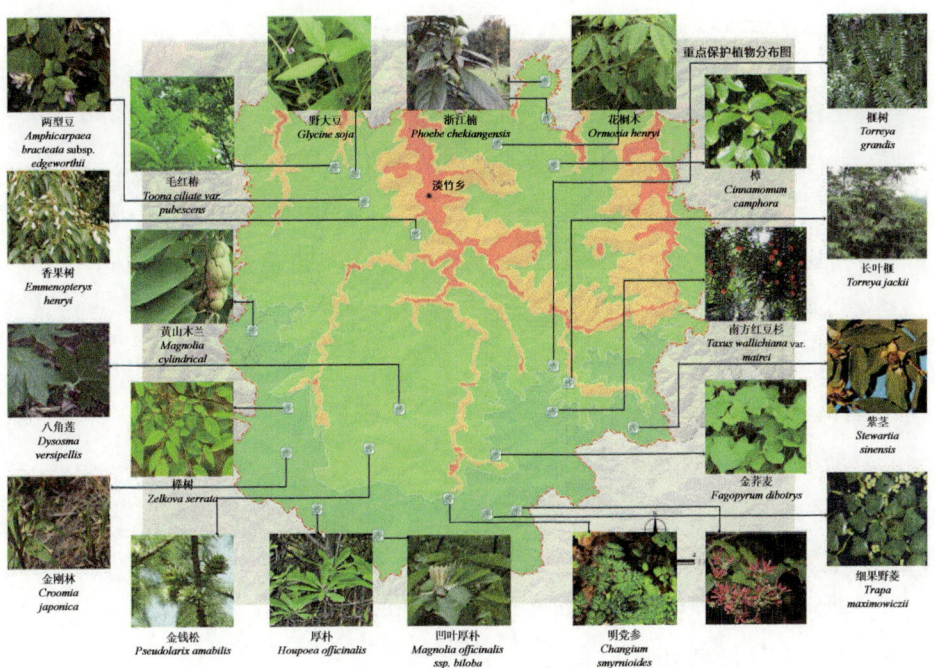

图 4-5 仙居国家公园重点保护植物分布示意

种。另外,经过 10 多年来的生物多样性相关工作,科学家在仙居县发现了 10 种以仙居命名的物种,其在仙居国家公园均有分布,具体参见以下专栏 2。此外,仙居国家公园范围内还分布着多种家禽家畜优质种质资源,如仙居鸡、仙居花猪等。

表 4-4 仙居国家公园动物种类

|  | 目 | 科 | 种 |
| --- | --- | --- | --- |
| 哺乳纲 | 8 | 20 | 49 |
| 鸟 纲 | 14 | 32 | 138 |
| 爬行纲 | 3 | 7 | 39 |
| 两栖纲 | 2 | 5 | 17 |
| 鱼 纲 | 5 | 14 | 49 |
| 脊椎动物 | 32 | 78 | 292 |

## 专栏2 以"仙居"命名的新物种

2012年以来，科学家在仙居国家公园内发现仙居角蟾、仙居多足摇蚊、仙居狭摇蚊、仙居马诺亚摇蚊、仙居刺齿跳、仙居边框桥弯藻、仙居紫菀、仙居油点草、仙居鼠尾草、神仙居百合等10个以仙居命名的新物种（拉丁文学名的种名均有xianju），这些物种发现记录形成严谨的研究论文后在Zootaxa、《芬兰植物学杂志》、《昆虫分类学报》等学术期刊发表，有些物种已经被《中国植物志》《浙江植物志》收录。

1. 仙居角蟾（*Megophrys xianjuensis*）
- 命名时间：2020年
- 物种特点：体型较小，体长5~7厘米，体色呈现出黄褐色，背部有明显的斑点。

2. 仙居多足摇蚊（*Polypedilum xianjuensis*）
- 命名时间：2016年
- 物种特点：体长约2毫米，具有特长的触角和细长的身体，翅膀透明，身体为淡黄色。多足摇蚊以水生植物为栖息环境，主要生活在静水区。

3. 仙居狭摇蚊（*Stenochironomus xianjuensis*）
- 命名时间：2016年
- 物种特点：其狭长的后足，适合长距离跳跃。体色为深棕色，常在清澈的水域中活动，以浮游生物为食。

4. 仙居马诺亚摇蚊（*Manoa xianjuensis*）
- 命名时间：2016年
- 物种特点：体型相对较大，特征是其独特的翅脉结构，在成虫阶段以花蜜为食。

5. 仙居刺齿跳（*Homidia xianjuensis*）
- 命名时间：2016年
- 物种特点：弹尾纲小型昆虫，体长约1毫米。其背部有刺状突起，适应水流较快的环境。

6. 仙居边框桥弯藻（*Cymbella xianjuensis*）

· 命名时间：2016 年

· 物种特点：一种绿色藻类，呈现出线状生长特点。

7. 仙居紫菀（*Aster xianjuensis*）

· 命名时间：2016 年

· 物种特点：特征为紫色花朵，花期在夏季。其具有很强的适应性，通常生长在石缝和疏松的土壤中。

8. 仙居油点草（*Tricyrtis xianjuensis*）

· 命名时间：2012 年

· 物种特点：花朵金黄，具紫红色斑点在里面，仅生长在仙居国家公园神仙居景区的峭壁上。

9. 仙居鼠尾草（*Salvia xianjuensis*）

· 命名时间：2012 年

· 物种特点：多年生草本植物，具有四棱的茎和对生的叶片。叶片通常呈披针形或卵形，边缘有锯齿。在夏季，植物会开出小而密集的花序，花色多为紫色或蓝色。

10. 神仙居百合（*Lilium shenxianjuense*）

· 命名时间：2019 年

· 物种特点：花瓣呈现明亮的黄色，叶片长而狭，具有很高的观赏价值。

这 10 个新物种的发现和命名，彰显了仙居丰富的生物多样性资源和扎实的生物多样性工作。

## 4.3 仙居国家公园的分区管理措施

仙居国家公园根据保护强度和主要功能不同，可分为严格保护区、重要保护区、限制利用区、利用区以及外围管护区。

### 4.3.1 严格保护区

严格保护区以保护典型亚热带阔叶林生态系统、重要物种及其栖息地、生态系统极敏感区和重要的生态服务功能区为目标。对该区域采取以下保护措施：

（1）严禁非法进入，杜绝发生人为活动对典型亚热带阔叶林生态系统的干扰和破坏，主要包括严禁修建破坏自然生态环境的道路、高压电路、房屋等项目设施；严格禁止和杜绝在严格保护区内非法偷捕偷猎野生动物、捡拾鸟蛋或采挖中草药、采摘山野菜、野果、食用菌、移植绿化树种或观赏花卉等行为。

（2）除危及生态系统完整性情况下采取必要的森林抚育等经营管理措施，尽量保持生态系统自然演替完整的生态学过程。严禁引入外来物种，对过往侵入的外来有害物种要立即进行清除，以确保区内自然生态系统的原始性、典型性及独特性。加强森林生态系统的保护，提高森林有害生物防治力度，建立森林有害生物预测预报的地理信息系统，对有害生物进行定点、定位、定时观测，主要林业有害生物成灾率控制在4‰以下，无公害防治率超过100%。

（3）加强森林防火，防患于未然。利用先进的科学管理技术，建立林火预测预报、通信指挥、快捷扑救的森林防火体系，提高预防和扑救森林火灾的综合能力，确保严格保护区内无火灾发生。

（4）加强生物多样性资源本底调查和评估，完善生物多样性监测预警体系。建立1个1公顷的监测样地，定期开展重要保护动植物及栖息地的监测工作。

第二篇　仙居的生物多样性资源、工作及其国家代表性

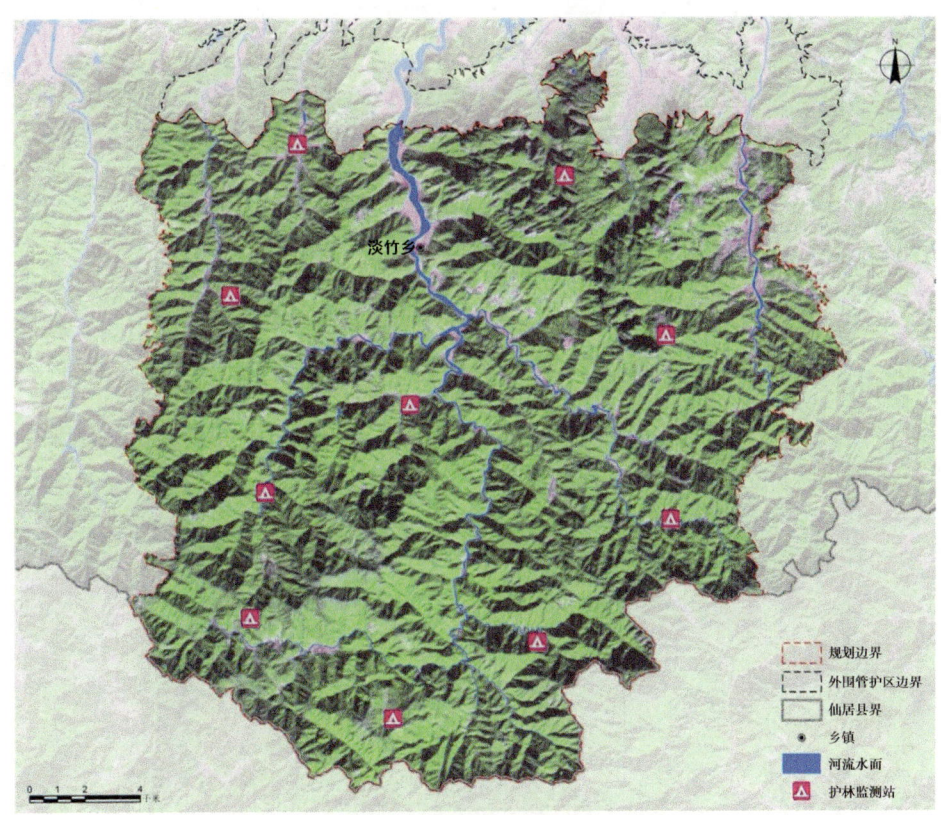

图 4-6　仙居国家公园护林监测站示意

### 4.3.2　重要保护区

**1. 生物多样性保育区**

生物多样性保育区以保护生物多样性、重要物种及其栖息地、典型森林生态系统等为主要目标。对该区域采取以下保护措施：

（1）加强生物多样性资源本底调查和评估，完善生物多样性监测预警体系。建立两个 1 公顷的监测样地、30 米 ×30 米固定样地 10 个，以及两条样线，定期开展重要保护动植物及栖息地的监测工作。

（2）生物多样性保育区内对南方红豆杉、长叶榧、浙江楠等珍稀濒危野生植物种类分布的区域加以严格控制和管理，坚决制止和杜绝非法入区现象，

严禁任何单位和个人非法采摘、挖掘、移植、引种（包括采集标本）、出卖和收购区内珍稀濒危物种。

（3）保护珍稀濒危动物的生境，通过对区内野生动植物的生存环境改善，最大限度地减少不良人为因素影响，使野生动植物能够在自然状态下繁衍生息。在珍稀濒危动物生活栖息地，尤其是食源匮乏区，要依据科研成果，掌握机会适当采取投食撒盐、人工建巢等招引措施恢复和扩大种群数量。加强保护管理，严厉打击猎捕野生动物的违法活动，加强巡护，严禁非法入区行为，坚决打击和依法惩处偷捕偷猎等违法活动。积极采取救助措施，增强野生动物的抗干扰能力，对发现和收缴的伤病动物要及时救护。

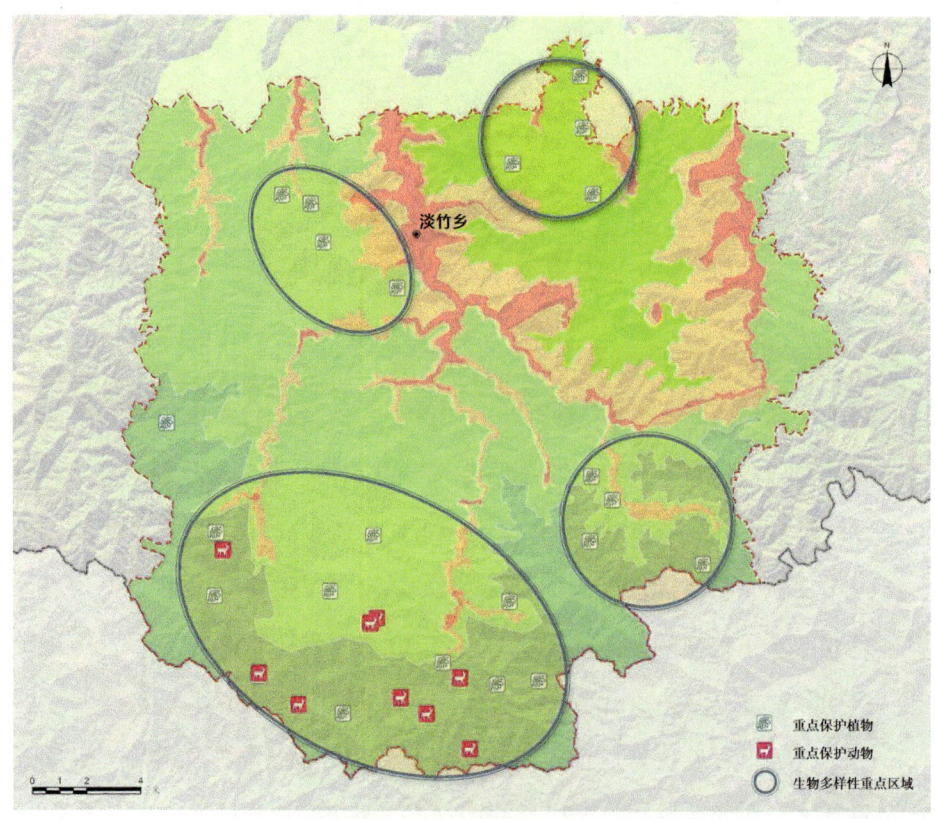

图 4-7 仙居国家公园生物多样性保护优先区域示意

（4）组织实施提升生态屏障森林质量，采用"封育、新造、补植、改造"等综合措施，改造低效森林，培育具有较好景观效果和生态效益的阔叶林和针阔混交林。

（5）加强森林有害生物防控工作，加强野生植物的检疫工作，严防外来有害物种的入侵。同时，要采取切实有效的措施，保护现有植被类型演替的稳定性。同时，加强森林防火、应对冰冻灾害等基础设施的建设，做好护林宣传教育工作，对国家公园内护林人员等进行正规培训，依法保护生态环境和维持区域内的正常秩序。

2. 自然遗迹保护区

该分区主要保护中生代火山和火山岩地貌景观为主要地质遗迹和地质景观等自然遗迹的完整性和真实性，严格按照各类地质遗迹保护区的保护要求，重点保护各类尺度较小的火山岩结构构造现象点、典型的地质剖面、古生物化石点以及水体景观上游的生态环境等。对于已破坏的自然景观，应采取相关措施尽可能恢复自然景观原始面貌，具体采取如下主要保护措施：

（1）保护区域内各种地质遗迹的自然形象，禁止破坏地质遗迹完整性和真实性的人为活动。

（2）严禁伐木、开垦等开发利用活动。区内可以设置必须的浏览道路和相关设施，但不得对地形、地貌环境景观造成破坏，所有人工设施都要与周边环境相协调。

（3）控制进入该区域的游人规模，严禁机动车辆进入。

（4）对专业人员的科考限定一定的范围和规模。

（5）加强自然生态系统和生物多样性的保护工作，与生物多样性保育区要求一致。

### 4.3.3 限制利用区

**1. 旅游休闲区**

该区域要求在保护优先的前提下，适当开展环境教育、科学研究和旅游休闲等公共服务活动。主要保护措施如下：

（1）在不破坏自然生态系统完整性，不改变原有自然景观、地形地貌情况下，允许游客适度进入，准许适量游人露营。

（2）修建必要的不与自然环境相冲突的交通设施，允许环境友好的交通设备进入；建设不与自然环境相冲突的旅游、宣教、解说、安全防护及少量后勤服务设施。

（3）保护其森林生态系统在涵养水源、保持水土、净化水质和大气以及改善区域气候等方面的生态功能，在开展公共服务活动时，不得对水源地生态环境造成污染。

（4）对环境卫生进行日常维护，对"三废"进行科学处理（包括厕所的生态化设计、建设）。将垃圾进行分类（玻璃、塑料、纸品、易拉罐）收集，统一处理。

（5）对珍稀濒危动植物物种，以及重要自然遗迹，应根据各自特点，制定适宜的保护措施。游憩区内的保护植物及其生境、重要自然遗迹及景观应设置保护标示牌。

**2. 传统利用区**

该区域主要保护原住居民的传统生活方式、传统的农业生产方式，以及有地域特征的古村落和建筑。主要保护要求如下：

（1）保护原住居民及传统自然资源利用方式，保证自然资源可持续利用，可从事传统耕种方式，禁止使用对环境产生影响的农药、化肥等。

（2）严禁在水源地附近玩耍、洗浴、洗衣物及向河中丢弃垃圾等，传统养殖方式要采取相应的环保措施，确保水源地环境不受污染。

（3）保护古村落及建筑，在修缮和建设古建筑或民居时，要注意与整体风格相一致，禁止与周边环境相冲突。

（4）筛选一批具有重要价值的遗传资源及相关传统知识，加强品性鉴定和遗传多样性分析，开展科技研发与成果转化。选择1~2个村庄开展生物多样性惠益分享示范，将经济收入部分返还给遗传资源及相关传统知识拥有者。

（5）在开展科研、教育、旅游等公共服务活动时，保护要求与旅游休闲区要求一致。

### 4.3.4 利用区

该区域主要配置公共、商业、宣教和后勤保障等设施，允许集中人类活动和允许交通设备进入。但要注意保护水源林，保持水体清洁，不得人为破坏水源。严禁破坏森林、土壤等自然资源，不得采石、挖土、建墓，抓好植树造林（造竹），防止水土流失；不得建设严重破坏自然景观的大型人工项目，不得开展大规模的建设；要采取有效措施进行区内生态系统恢复工作，适当开展与国家公园整体协调的绿化工程。加强有害生物、外来入侵物种、火灾等自然灾害等防控工作，保护生态环境。

### 4.3.5 外围管护区

该区域在建立在基础设施建设和产业发展上考虑国家公园的保护和事业发展需要，尽量与国家公园的资源保护和景观维护需要适应；该区域内建设目标不得损害国家公园内的环境质量；适当开展生态环境修复和景观绿化等工程。生态环境保护要求与利用区相一致。

# 第五章
# 仙居生物多样性工作的国家代表性

仙居在生物多样性工作上的国家代表性表现为其工作的超前性（国家任务、市县有责）和初步的系统性、国际接轨性。

联合国《生物多样性公约》有三大目标，分别是保护生物多样性、可持续利用其组成部分以及公平合理分享由利用遗传资源而产生的惠益。在我国，生物多样性保护已经成为生态文明建设的重要内容之一，可持续利用和惠益分享对于生物多样性保护十分重要，能够为生物多样性保护提供正向激励，但目前我国在各级政府层面布置的生物多样性相关工作与公约三大目标有效平衡的要求仍存在差距。不仅如此，在县域层面，全国的普遍情况是生物多样性工作基本无人知晓，县级层面领导不了解甚至未听说过生物多样性的是大多数。即便在COP15召开已逾三年、"昆蒙框架"已经在中国转化为《中国生物多样性保护战略与行动计划（2023—2030年）》(*The China National Biodiversity Conservation Strategy and Action Plan*，简称为《行动计划》)[①]这样的国家目标且国家目标已经更好地体现了统筹完成公约三大目标的情况下[②]，

---

[①] 生态环境部. 中国生物多样性保护战略与行动计划(2023-2030)[EB/OL]. (2024-01-18)[2024-12-20]. https://www.mee.gov.cn/ywdt/hjywnews/202401/W020240118377427497957.pdf.

[②] NBSAP较好地对标了"昆蒙框架"的行动目标，平衡了《生物多样性公约》的三大目标，在生物多样性可持续利用与惠益分享优先领域下设置了6个优先行动和19个优先项目，坚持"绿水青山就是金山银山"理念，通过特色生物资源开发、可持续管理、遗传资源获取与惠益分享，以及传统知识的保护与传承等，将农业、生态和城镇统筹考虑，探索生态产品价值实现的可能路径。

在县级层面完成国际履约工作，基本情况是除非国际履约工作转化为责任明确、奖惩分明的国家任务，否则就只会体现在上报材料中。国际公约的中国履约模式有两种：①自上而下的主导模式，较为普遍。这种模式利用"集中力量办大事"的政治体制将国际公约目标转化为层层传导的各级党委政府目标，使国际公约目标成为自上而下、各级多方合力的国家考核任务。②上下结合的模式，部分体现了自下而上的主动性（在对《保护世界文化与自然遗产公约》等履约上效果也好），但这种主动性来自市场经济可能带来的履约回报和局域的政绩认可制度（即潜在的经济利益和政治利益），因此这种履约模式反而在中国的适用范围有限。但完成《生物多样性公约》的"昆蒙框架"目标，相关情况与"双碳"目标有两方面不同：①《生物多样性公约》的目标与国土空间紧密关联，很难覆盖到全部国土和所有行业，而主要依托对生物多样性保护而言价值重大的区域和行业。中国在这方面有较好的基础——主体功能区对全国的国土空间进行了划分，其三类分区（重点生态功能区、农产品主产区、城市化地区）大体以县级行政区为基本单元。因为有不同的主体功能区定位，保护地面积占比较高的非重点生态功能区的县（如仙居）与完成数量总体目标关系不大，但对支持重点生态功能区意义较大，且三类区域都有其范围内的生态保护红线发挥保护作用。②在履约上没有形成标准的国际公约的中国履约模式。目前即便是作为重点生态功能区的县和保护地面积占比较高的县，因为"昆蒙框架"没有如联合国《气候变化框架公约》那样转化为有保障机制的国家任务（即"双碳"目标），其不仅没有与中国有执行力的体制衔接，甚至基本不为县级领导所知。对大多数县级领导而言，在生态方面其关注的问题，仍然只是中央生态环保督察的关注点。

全国面上情况是这样，仙居的生物多样性工作在这方面也具有"国家代表性"——体制机制上类似因而难以形成完成"双碳"目标那样的合力。但在这种体制机制上的国家代表性中，也能找到仙居生物多样性工作相对领先的若

## 仙居的生物多样性和国家代表性

干亮点：2013 年成功创建国家级生态县，2014 年被原环保部批准开展国家公园试点（仙居国家公园占全县面积比例超过 15%），并发布了全国首个县级的《仙居县生物多样性保护行动计划（2015—2030 年）》，颁布了全国首个"国家公园全域禁猎令"[①]。2020 年，仙居列入浙江省第一批自然保护地整合优化试点县。到 2024 年，仙居县已建成了全县域生物多样性数据库和信息平台，形成生物多样性监管"一张图"，完成了两轮仙居国家公园范围内野生动植物的本底调查，验证了中华穿山甲、黑麂、黄腹角雉、白颈长尾雉、栗头鳽、白头蝰、角原矛头蝮等珍稀濒危物种的分布，还完成了 20 个濒危物种的专项调查并形成调查报告，新发现仙居角蟾、仙居多足摇蚊、仙居狭摇蚊、仙居马诺亚摇蚊、仙居刺齿跳、仙居边框桥弯藻、仙居紫菀、仙居油点草、仙居鼠尾草、神仙居百合等 10 个以仙居命名的新物种，获得 8 项国家实用新型专利。与联合国环境规划署交流合作发布"仙居国家公园生态系统服务价值"；利用全球环境基金赠款，实施国内首个县级单位的生物多样性碳汇项目等。另外，仙居积极推动绿色发展[②]，在仙居国家公园所在的淡竹乡还创造了"三绿"治理模式，即通过绿色公约和村规民约，使广大村民都成为乡村绿色治理的参与主体；通过探索绿色货币制度，使外来游客成为环境保护的积极参与者；通过创新绿色调解体系，有效推动乡贤和本地能人参与到乡村绿色治理中。这些措施和创新，更全面地体现了《生物多样性公约》保护、资源可持续利用和形成公平惠益分享机制的目标。

---

[①] 2014 年，仙居县在全国率先发布为期 15 年的县级生物多样性保护行动计划《仙居县生物多样性保护行动计划（2015—2030 年）》；2016 年，颁布《关于在仙居国家公园规划范围内设立禁猎区的决定》；2015 年，以仙居国家公园试点为抓手，整合了国家级风景名胜区、国家级森林公园、省级自然保护区等 8 个保护园区及 23 个部门的管理职能，设立仙居国家公园管理委员会统一行使生态保护方面的管理职能；实施了"全球环境基金能力建设赠款生物多样性碳汇项目""中国－欧盟生物多样性和生态系统服务价值评估项目""国家生物多样性保护专项资金示范试点项目"等多个全球热点性项目。

[②] 仙居是浙江省唯一的县域绿色化发展改革试点县（2015 年 8 月浙江省政府发文批复）。

而且，仙居在特色农业方面的生物多样性工作更为出色，尤其特色水果杨梅，在品种（基因层次）、种养系统（生态系统层次）上均体现了国家代表性。

仙居县拥有世界上最大的古杨梅种质资源库，目前仍保留着13425株百年以上的古杨梅树，特有的杨梅品种达到11种。这些独特的品种不仅让仙居的杨梅鲜果产值位居全国第一，还为仙居古杨梅群复合种养系统的保护与传承提供了坚实的基础。"浙江仙居古杨梅群复合种养系统"依托的水土环境，是世界上最大规模的火山流纹岩地貌分布区之一。这种地貌本不适合常规农作物的生长，但仙居先民发现境内大量分布着野生杨梅树，于是坚定地认为当地适合种杨梅。在此基础上，当地人逐渐发现杨梅林中混栽茶树、林下饲养山鸡、林中养蜂同样契合，就此开启了复合种养之路。仙居古杨梅群复合种养系统以"梅—茶—鸡—蜂"为核心，通过有机结合的方式构建起一个完整的农业生态系统。在该复合种养模式中，杨梅树为核心物种，茶树、土鸡、土蜂为配合物种。杨梅树与茶树有植株落差，杨梅树为茶树提供散射光、阻风抗寒、保水保肥；杨梅林与茶园又为土鸡提供活动空间和饲料来源；土鸡的粪便及草本植物的腐殖质能为系统提供优质肥料；土蜂在系统内为蜜源植物授粉，保障生物多样性。这种四种农业物种的相互关系和互利共生，使得整个系统更加稳定和高效。同时，这也是一种传统的因物制宜的农业思想，体现了中国农业的智慧和经验。2023年，"浙江仙居古杨梅群复合种养系统"被联合国粮农组织正式认定为"全球重要农业文化遗产"。中国不乏古杨梅产区，但大多是规模化单种杨梅。全球第一个杨梅领域的重要农业文化遗产能花落仙居，正是对当地显著区别于中国其他古杨梅主产区的"复合种养系统"的高度肯定。

在农业生物多样性上体现了地方基因优势和工作成就的还有仙居鸡。自2000年始，仙居开展肉用系的选育，至2005年形成了一个品质优良、繁殖性能高、遗传稳定仙居鸡肉用系。2002年，仙居县建立了品种资源保护场，改变原有的群体选育法保种而采用家系等量随机选配法，建立了30个家系。在仙居的白塔镇良潭、居岙二村，建立自然保种村。为解决保种村仙居鸡鸡蛋销路，专门成立了白塔土鸡蛋产销专业合作社，统一回收鸡蛋，集中销售。目前，仙居已建成省级仙居鸡示范性全产业链，建成国内唯一的仙居鸡祖代种鸡场，并形成了地理标志产品管理（仙居县人民政府《关于仙居鸡地理标志地域界定的函》（仙政函〔2005〕4号）。

除了这些，在县级层次的生物多样性工作上，仙居还难得地体现了国际化：在2016年国家发改委和财政部下达的外国政府贷款项目备选规划中，仙居获得法国开发署7500万欧元的低利率、20年的长期贷款——"仙居县域生物多样性保护和发展利用示范工程项目"成为浙江省首个法国开发署贷款项目。项目的内容包括了保护、资源可持续利用和形成生物多样性惠益公平分享机制三方面的内容，完美地契合了联合国《生物多样性公约》的三大目标。在这个外资项目支持下，仙居的生物多样性工作全面落地。例如，项目的成果之一是浙江省第一座以区域生物多样性为主题的自然博物馆——仙居生物多样性博物馆（见图5-1、图5-2），其在试运行两年后，于2024年5月22日（国际生物多样性日）正式开馆，全馆分为地质景观展区、生态系统多样性展区、动物多样性展区、植物多样性展区、微生物多样性展区（以大型真菌蕈菌为代表）、生态系统服务展区等区域，较全面地阐释了仙居的生物多样性资源和生物多样性工作。

总结起来，仙居从资源条件和《生物多样性公约》履约措施看，在全国的县域中较有代表性和先进性，也体现了初步的系统性和国际接轨性。必须看到，仙居在生物多样性工作上取得的这些成果，是通过其年复一年的主动谋划、积极落实才取得的，并非上级要求或被树为典型后获得额外扶持所得。可以从台州市生态环境局仙居分局（生物多样性工作的主管部门）2021年

图 5-1 坐落于风景如画的仙居国家公园的仙居生物多样性博物馆外观

图 5-2 仙居生物多样性博物馆内部（动物多样性展区）

的工作部署中窥其一斑（其明确的四方面重点任务较好地体现了这些特点）：①完成全县生物多样性调查、监测和评估，构建保护网络。②实施生物多样性保护和修复，构建完整山水林田湖草系统。③探索生物多样性可持续利用，打造百亿绿色发展产业链。④加强国际合作，打造生物多样性保护的国际展示窗口。

# 第六章
# 发挥中国体制优势推动基层地方政府完成"昆蒙框架"的措施建议——以仙居为例

"昆蒙框架"的全面落地实施离不开基层地方政府,因为要落地的举措大多要靠其实施或监督。党的二十届三中全会提出的改革任务中诸多与生物多样性工作的衔接点,为发挥中国体制优势推动基层地方政府完成"昆蒙框架"提供了很好的契机(本书的附件"党的二十届三中全会《中共中央关于进一步全面深化改革、推进中国式现代化的决定》相关内容与《中国生物多样性保护战略与行动计划》《昆明-蒙特利尔全球生物多样性框架》的对比"对此进行了专门分析)。仙居县拥有发挥中国体制优势率先完成"昆蒙框架"目标的基础,这也是仙居生物多样性工作国家代表性的体现。

## 6.1 借力党的二十届三中全会,推动"昆蒙框架"工作主流化

党的二十届三中全会通过的《中共中央关于进一步全面深化改革、推进中国式现代化的决定》(以下简称《决定》)设定多项任务(其改革任务要求必须在2029年底完成),"昆蒙框架"在中国体制下有可能成为主流工作目标。可借助党的二十届三中全会的任务安排及由其引发的相关部委、地方政府联动,使国际履约工作获得中国体制下的刚性支持。目前工作的核心是把党的二十

届三中全会的要求与国际目标及下一个五年的国家任务结合，这样既使第二章中分析的中国履约模式能应用到完成"昆蒙框架"目标中，也使新质生产力等三中全会的重点内容与保护结合起来，真正解决保护和发展两张皮的问题。从履约角度来看，这相当于用中国履约模式统筹了《生物多样性公约》三大目标，使地方政府愿意在发展工作（而非既往那样只在保护工作）中把生物多样性主流化。具体体现为以下三个方面。

一是生物多样性主流化和治理能力现代化方面。"昆蒙框架"提出要将生物多样性及其多重价值观充分纳入各级政府和所有部门特别是对生物多样性有重大影响的部门的政策、法规、规划中。《决定》在发挥政府主导作用方面提出"推进生态环境治理责任体系、监管体系、市场体系、法律法规政策体系建设""建立生态环境保护、自然资源保护利用和资产保值增值等责任考核监督制度""强化生物多样性保护工作协调机制""健全生物安全监管预警防控体系""健全生态环境监测和评价制度"，为生物多样性工作提供了政策支撑。

二是应对生物多样性丧失威胁方面。"昆蒙框架"行动目标1–8针对导致生物多样性丧失的五大直接驱动力（土地/海洋利用变化、生物体直接利用、外来物种入侵、污染和气候变化）提出了行动方向，并设定了数个量化目标[①]。《决定》在生态空间保护、生态系统修复、生物多样性就地保护、环境质量改善、生物多样性与气候变化协同治理等方面提出了具体的任务要求。

三是通过可持续利用和惠益分享满足人类需求方面。"昆蒙框架"行动目标9–13以满足人类需求为出发点，突出了"自然对人类的贡献"，提出了加强可持续利用和促进惠益分享的路径和行动方向。《决定》强调"中国式现代化是人与自然和谐共生的现代化"，要求"必须完善生态文明制度体系，协同推进降碳、减污、扩绿、增长，积极应对气候变化，加快完善落实绿水青山

---

① 徐靖，王金洲.《昆明–蒙特利尔全球生物多样性框架》主要内容及其影响[J]. 生物多样性，2023,31:7-15.

就是金山银山理念的体制机制",并提出"健全生态产品价值实现机制""建立可持续的城市更新模式和政策法规""深化城市安全韧性提升行动"的具体任务。

## 6.2 建立健全各级政府协调机制,构建各部门各行业政策体系

优化中国生物多样性保护国家委员会职能,推动各省建立加强生物多样性保护工作协调机制并设立协调机制办公室,组织领导全省生物多样性保护工作[①]。将"昆蒙框架"履约相关工作纳入各省"十五五"规划与年度计划,推动生物多样性治理与污染防治、碳达峰碳中和、应对气候变化、乡村振兴等战略的协同增效。构建生物多样性治理"1+N"政策体系,"1"即各省的《生物多样性保护战略与行动计划》,"N"包括资源、能源、工业、城乡建设、交通运输、农业农村等领域以及具体行业的生物多样性治理方案。健全年度进展报告制度,加强工作成效跟踪报告。协调机制办公室加强统筹协调,牵头研究重要事项,汇编年度工作进展,提出下一年工作计划。

## 6.3 强化部门协作、加强省市县联动

打破部门利益樊篱,扭转生物多样性工作属于生态环境部门工作的观念,完善生物多样性保护与治理联合机制,分类分级压实责任。一方面,将"昆蒙框架"和 NBSAP 再拆解成部分重点县(以重点生态功能区为主)的三类指标,

---

① 刘文慧,段禾祥,张风春,刘海鸥,李子圆,张文国,杜乐山. 以全政府和全社会方法推动生物多样性治理目标实现路径分析 [J]. 环境科学研究,2024,1-11.

在相关部门、各省重点市县的"十五五"规划中明确设置与履约相关的约束性和预期性指标并在中央、省级层面安排专项资金，使这些区域能在"十五五"期间率先达标，以形成中国在完成国家目标上最广泛扎实的支撑。以"昆蒙框架"提出的"3030"目标为例，可以将自然保护地、生态保护红线的面积占比、其他基于区域的有效保护措施（Other Effective area-based Conservation Measures, OECMs）等目标自上而下拆解到相关县级党委政府，并配套目标责任考核机制和财政激励奖惩机制。另一方面可在中央生态环保督察中增加生物多样性治理和NBSAP落实的相关项目，以这样的刚性手段推动各级政府尤其是基层地方政府和相关部门承担起生物多样性治理的责任，为生物多样性保护提供强大的制度保障。

# 第三篇

# 仙居的生物多样性资源图谱及其仙居故事[①]

---

[①] 第七章到第九章中的物种大体按照其对仙居的重要性及保护级别排序。因为缺少图片,本书前文中提到的一些物种未在此处介绍。本章中的一些图片为仙居国家公园内的红外相机拍摄,虽然清晰度不佳,但能更好地反映动物所处的生态系统;其他的图片作者在前言中已有说明;极少部分较清晰的图片源自网络,目的只是更好地反映该物种的特征。

# 第七章
# 仙居的动物多样性

## 7.1 仙居的兽类（Mammals）

◎ **中华穿山甲**

*Manis pentadactyla* 鳞甲目穿山甲科穿山甲属

图 7-1 中华穿山甲成年个体

**【保护等级】** 国家一级重点保护野生动物，被列入《中国生物多样性红色名录——脊椎动物卷（2020）》极危（CR）等级①。

**【生态习性】** 全身披覆瓦状排列的角质鳞甲，鳞片黑褐色，全身鳞片大于500片。头小呈圆锥状，吻尖长，口中无齿，以长舌粘捕蚁类为食。眼小，耳短，适应钻洞取食蚂蚁；前足爪发达，适应挖山钻洞。栖息于丘陵山地的灌林、草丛中较潮湿的地方。穴居，洞口隐蔽。多单独活动，昼伏夜出，受惊时蜷缩成团。嗅觉发达，凭嗅觉寻找蚁巢。主要以白蚁、蚁类为食。其在世界八种穿山甲中的显著特征是有耳廓，这对通常来说体表流线顺滑的穴居动物来说是罕见的。

**【仙居故事】** 因为被作为山珍入馔，中华穿山甲曾经在全国都走入了绝境，直到最近20年国家显著加大了保护力度和民间移风易俗，才在南方的一些保护区中被发现。2018年后，红外相机多次在仙居国家公园范围内的括苍山自然保护区拍到中华穿山甲。2022年6月10日，送外卖者章科强在仙居县城区内（南峰街道响石山路）发现一只中华穿山甲成体（体长59.8厘米，体重2.16千克），后由仙居县城关派出所联合仙居县自然资源和规划局以及仙居县野生动物保护协会将其放生到仙居国家公园内。这是全国目前唯一的在城市建成区内发现中华穿山甲并放生的案例。

**Protection grade:** Level 1 key wild animal under state protection, critically endangered (CR) species in the *Red List of China's Biodiversity - Vertebrate (2020)*.

**Ecological habit:** Covered with imbricate scutellum on which are over 500 dark brown scales. Small and conical head with a long mouth tip; toothless, and thus finding food by sticking with a long tongue; small eyes and short ears fitting

---

① 极危（Critically Endangered，简称CR），是IUCN红色名录标准保护级别之一。相关介绍见第一章问题16的回答。

through a hole to catch ants; strong fore claws fit for digging holes on mountain. Inhabiting in damp places in bushwood or grass of hills and mountains; living in caves with concealing entrance; appearing independently at night while hiding in the daytime; huddling once being frightened. Finding ant nest with highly developed sense of smell; mainly feeding on termites and ants.

## ◎ 中华鬣羚

*Capricornis milneedwardsii* 鲸偶蹄目牛科鬣羚属

图7-2 红外相机拍到的中华鬣羚

**【保护等级】**国家二级重点保护野生动物,被列入《中国生物多样性红色名录——脊椎动物卷(2020)》易危(VU)等级。

**【生态习性】**又名苏门羚,在南方一些地方也被称为"四不像"。其外形似家羊,栖息于低山丘陵到高山岩崖,常在树林繁杂,乔、灌木交替,间有裸岩、陡壁的高山岩崖边活动,喜独居,善隐蔽。以各种嫩枝、树叶、菌类、苔草为食。

**【仙居故事】**2020年10月,仙居县启动生物多样性本底调查后多次在仙居国家公园范围内发现中华鬣羚。

**Protection grade:** Level 2 key wild animal under state protection, vulnerable species (VU) in the *Red List of China's Biodiversity - Vertebrate (2020)*.

**Ecological habit:** Similar to domesticated goat in terms of appearance; inhabiting in low mountain and hill area-high mountain and rock cliff; appearing always in complex forest with arbor and shrub and sometimes in bare rock and steep high mountain and rock cliff; fond of living alone and good at hiding; feeding on twig, leaves, fungi and sedge.

◎ **中华斑羚**

*Naemorhedus griseus* 鲸偶蹄目牛科斑羚属

图 7-3　红外相机在仙居国家公园内拍到的中华斑羚

【**保护等级**】国家二级重点保护野生动物，被列入《中国生物多样性红色名录——脊椎动物卷（2020）》易危（VU）等级。

【**生态习性**】独栖或结小群行动，嗅、视、听觉都很灵敏；叫声似羊。多栖息在海拔较高的密林中，常在林缘岩石上及林间的陡峭崖坡活动。以植物的幼枝、嫩叶、地衣、苔藓等为食。

【**仙居故事**】仙居罕见，在2015—2016年进行的"仙居国家公园生物多样性调查与评估项目"中首次被发现。

**Protection grade:** Level 2 key wild animal under state protection, vulnerable species (VU) in the *Red List of China's Biodiversity - Vertebrate (2020)*.

**Ecological habit:** Inhabiting either independently or in small group; very sensitive smell, sight and hearing; baa seems like goat; mostly inhabiting in the jungle with a high altitude; walking in forest edge and rocks as well as steep cliff with woodland; feeding on twig, spear, lichen and moss.

◎ 毛冠鹿

*Elaphodus cephalophus* 偶蹄目鹿科毛冠鹿属

图 7-4　红外相机拍到的毛冠鹿

【保护等级】国家二级重点保护野生动物，被列入《中国生物多样性红色名录——脊椎动物卷（2020）》近危（NT）等级。

【生态习性】栖居在高山或丘陵地带的常绿阔叶林、针阔混交林和灌丛等处。胆小，白天隐藏于林下灌丛或密林中，晨昏时出来活动觅食，常单独或成对活动，听觉和嗅觉较发达，喜欢吃植物叶、芽、花、果实和种子以及蕨类、菌类。

【仙居故事】2020年10月，仙居县启动了县域生物多样性本底调查工作。调查队员在采集红外相机拍摄照片时，发现了毛冠鹿的清晰照片和视频。

**Protection grade:** Level 2 key wild animal under state protection, near threatened species (NT) in the *Red List of China's Biodiversity - Vertebrate (2020)*.

**Ecological habit:** Inhabiting in the evergreen broad-leaf forest, theropencedrymion and bushwood of high mountain or hilly area; timid and hiding in bushwood under forest or jungle in the daytime; appearing and finding good at dust; appearing either independently or in pair; relatively developed hearing and smell; preferring plant leaves, bud, flower, fruit, seed, fern and fungi.

◎ 小麂

*Muntiacus reevesi* 偶蹄目鹿科麂属

图 7-5　仙居国家公园内发现的小麂

【保护等级】被列入《国家"三有"野生动物名录》(《国家保护的有益的或者有重要经济、科学研究价值的陆生野生动物名录》),被列入《中国生物多样性红色名录——脊椎动物卷(2020)》近危(NT)等级。又名黄麂。

【生态习性】麂属最小的动物,与常见的赤麂相比个头明显小且"眼窝"明显。栖息于亚热带低山、丘陵林缘、深丘、低山的次生林、灌丛草莽中。常独居或以母仔家族群活动,很少远离栖居地。性机警,胆小,听觉灵敏,晨昏觅食。以青草、树木的嫩叶、幼芽、果实、种子、伞菌为食。雌麂在5~6个月龄就能怀孕。

【仙居故事】与其他地方不同,小麂频繁出现于仙居城区。2021年,一只严重受伤的幼年小麂在仙居一处工地附近被发现,仙居野生动物协会立即实施了救助但未获成功。

**Protection Level:** It is listed in the *"List of Terrestrial Wild Animals under National Protection that are Beneficial or of Important Economic or Scientific Research Value"*, near threatened species (NT) in the *Red List of China's Biodiversity - Vertebrate (2020)*. It is also known as the Yellow Muntjac.

**Ecological Habits:** It is the smallest animal in the muntjac genus. Compared with the common Indian Muntjac, it is significantly smaller in size and has distinct "eye sockets". It inhabits subtropical low mountains, forest edges of hills, deep hills, secondary forests of low mountains, and thickets. It lives a solitary life or moves in family groups consisting of a mother and her offspring, and seldom strays far from its habitat. It is vigilant, timid, has a sensitive sense of hearing, and forages at dawn and dusk. Its diet includes grass, young leaves and buds of trees, fruits, seeds, and agarics. Female muntjacs can get pregnant at the age of 5 - 6 months.

○豹猫

*Prionailurus bengalensis* 食肉目猫科豹猫属

图 7-6　红外相机在仙居国家公园拍到的豹猫

【**保护等级**】国家二级重点保护野生动物,被列入《中国生物多样性红色名录——脊椎动物卷（2020）》易危（VU）等级。

【**生态习性**】主要栖息于山区林地、郊野灌丛和林缘村寨附近,独居或雌雄同栖,以树洞、土洞、石块下或石缝为窝穴,善游泳,好攀爬。以鼠类、小鸟、蛙、蛇、鱼、兔及多种昆虫为食,偶尔也吃浆果和嫩叶、嫩草。

【**仙居故事**】2015年11月,仙居国家公园内的红外相机首次拍摄到豹猫；2016年1月,住在仙居国家公园所在的主体乡镇淡竹乡的村民郑华斌在家里抓住偷鸡的豹猫,他联系仙居国家公园管委会工作人员后,由后者将其检查后放生。其后,仙居县境内每年都有豹猫被发现。

**Protection grade:** Level 2 key wild animal under state protection, vulnerable species (VU) in the *Red List of China's Biodiversity - Vertebrate (2020)*.

**Ecological habit:** Mainly inhabiting in the forest of mountainous area, suburb bushwood and villages at the edge of forest; living independently or together with the opposite sex together in tree hole, soil cave, below stone or stone crack; good at swimming and excellent in climbing; feeding on mice, small bird, frog, snake, fish, rabbit and different kinds of insects, as well as berry, spear and tender grass occasionally.

## ◎ 猕猴

*Macaca mulatta* 灵长目猴科猕猴属

图 7-7　仙居国家公园内的猕猴

**【保护等级】**国家二级重点保护野生动物。

**【生态习性】**栖息于山区常绿阔叶林、稀疏灌丛、河谷丛林等地，多在树上及悬崖峭壁上活动。群居，以家族同栖，每群有一雄性壮年猴为"首领"，带领家族活动，并负责警戒和保卫。行动敏捷，受惊时迅速逃离。善攀缘，能游泳。杂食性，以野果、幼芽、竹笋、嫩叶、昆虫、小鸟等为食，也常到农田觅食。浙江省罕见其野生种群。

**【仙居故事】**仙居国家公园主体所在的淡竹乡，目前已与猕猴形成和平共处乃至和谐共生关系。近10年来，一个猕猴群总会在冬末春初下山，在田地挖番薯、抢玉米。村民们只能用点燃爆竹的方式驱赶，但收效甚微。吴新洪等志愿者一方面成立了红色护猴队，跟村民们讲道理，让这群国家二级重点保护野生动物不受伤害；另一方面和村里沟通，一起宣传猕猴进村，把它们打造成村子发展旅游的一个新亮点，让更多的游客前来观猴，帮助村民增收。这样，猕猴因偷食造成的损失在一定程度上得到了市场经济条件下的生态补偿，村民们也逐渐培养起"猴子来了有可能有钱挣"的意识——这就是生物多样性保护的和谐共生。

**Protection grade:** Level 2 key wild animal under state protection.

**Ecological habit:** Inhabiting in the evergreen broad-leaf forest of mountainous area, sparse bushwood, river valley, jungle, etc. and appearing mostly in trees and steep cliff; living in groups; dwelling together with the whole family. In each group there is a strong and mature male one serving as the "leader" of the group, which will lead the whole family to wander and takes charge of warning and security; agile in action and able to leave quickly once being threatened; good at climbing and able to swim; omnivore that feeds on wild fruit, bud, bamboo shoot, spear, insect, small bird, etc.

## 7.2 仙居的鸟类（Birds）

### ◎ 黄腹角雉

*Tragopan caboti* 鸡形目雉科角雉属

图 7-8 在仙居国家公园发现的黄腹角雉雄性成年个体

**【保护等级】**中国特有种,国家一级重点保护野生动物,《中国生物多样性红色名录——脊椎动物卷(2020)》濒危种(EN)。

**【生态习性】**性好隐蔽,善于奔走,常在茂密的林下灌丛和草丛中活动,非迫不得已,一般不起飞。常成5~9只的小群活动。主要以蕨类及植物的茎、叶、花、果实和种子为食,也吃昆虫如白蚁和毛虫等少量动物性食物,尤其是繁殖季节。主要栖息于海拔800~1400米的亚热带山地常绿阔叶林和针叶阔叶混交林中。在仙居县为留鸟,非常罕见。

**【仙居故事】**黄腹角雉是中国东南区域曾经广布但现在均为零星发现的珍稀动物,其高密度分布区域在武夷山国家公园江西片区,但在台州市生态环境局仙居分局组织开展的生物多样性调查中也发现仙居国家公园内有稳定存在的种群。

**Protection grade:** Endemic to China, Level 1 key wild animal under state protection, endangered species (EN) in the *Red List of China's Biodiversity - Vertebrate (2020)*.

**Ecological habit:** Yellow-billed tragopan is good at hiding and running; appearing always in bush- wood under thick wood and grass; no intention of flying, where unnecessary; wandering in groups (5-9). Mainly feeding on fern, stem, leaf, flower, fruit and seed of plant; it also feeds on a few animals such as insects including termite and caterpillar, which is particularly true in reproduction season; inhabiting mainly in the subtropical mountain evergreen broad-leaved forest and coniferous and broad leaf forests with an altitude of 800-1,400m. Yellow-billed tragopan is resident bird in Xianju which is rare sight.

## ◎ 白颈长尾雉

**Syrmaticus ellioti** 鸡形目雉科长尾雉属

图 7-9　在仙居国家公园内发现的白颈长尾雉雄性成年个体

【**保护等级**】中国特有种，国家一级重点保护野生动物，被列入《中国生物多样性红色名录——脊椎动物卷（2020）》易危（VU）等级。

【**生态习性**】喜集群活动，晨昏较为活跃，主要栖息于阔叶林下的稀疏灌丛或竹林；受惊时发出尖锐的叫声；杂食性，主要以植物嫩叶、芽、花、果实、种子为食，也食昆虫等动物性食物。在仙居县为留鸟。

【**仙居故事**】白颈长尾雉在仙居比较罕见，仅发现于仙居国家公园内。

**Protection grade:** Endemic to China, Level 1 key wild animal under state protection, vulnerable species (VU) in the *Red List of China's Biodiversity - Vertebrate (2020)*.

**Ecological habit:** Good at group activities; active at dusk; mainly inhabiting in spare bushwood under broad-leaved forest or bamboo forest; apt to scream once being threatened; omnivore which mainly feeds on spear, bud, flower, fruit, seed as well as animals such as insects. Resident birds in Xianju county.

○勺鸡

*Pucrasia macrolopha* 鸡形目雉科勺鸡属

图7-10 勺鸡雄性成年个体

【保护等级】国家二级重点保护野生动物，被列入《中国生物多样性红色名录——脊椎动物卷（2020）》无危（LC）等级。

【生态习性】体型较大的雉科动物，多单独或成对活动，生性机警，生活在中高海拔地区的针阔混交林、灌丛等地，晚上成对在树上过夜；雄鸟早晚易鸣叫；主要以植物根、果实、种子为食，也吃少量昆虫等动物性食物。

【仙居故事】仙居罕见，在2015—2016年进行的"仙居国家公园生物多样性调查与评估项目"中被发现。

**Protection grade:** Level 2 key wild animal under state protection, least concerned species (LC) in the *Red List of China's Biodiversity - Vertebrate (2020)*.

**Ecological habit:** Appearing either independently or in pair for most of the time; always alerted; inhabiting in theropencedrymion, bushwood, etc. of the regions with medium and high altitude; staying in pairs at night; male types are apt to tweet in the morning and at night; mainly feeding on plant root, fruit and seed as well as animals such as insect.

◎ 白鹇

*Lophura nycthemera* 鸡形目雉科鹇属

图7-11 红外相机拍摄的白鹇成年雄性个体

【保护等级】国家二级重点保护野生动物，被列入《中国生物多样性红色名录——脊椎动物卷（2020）》无危（LC）等级。

【生态习性】生性谨慎，主要栖息在植被茂密但林下植物稀疏的亚热带常绿阔叶林中；甚少鸣叫；杂食性，主要以植物的嫩叶、芽、种子等为食，也吃昆虫等动物性食物。

【相关文化】白鹇在中国传统文化中是名贵的观赏鸟，《禽经》记载"似山鸡而色白，行止闲暇"，在宋代李昉所养的五种珍禽中，白鹇被称为"闲客"，清朝更把白鹇作为五品官服的图案。

【仙居故事】2022年，仙居野生动物保护协会曾接到梅农反映，在杨梅山上有许多捕兽夹并发现白鹇挣脱夹子后留下的半个脚掌和大量羽毛。野生动物保护协会志愿服务队经过三天的连续蹲守，终于抓住了这名盗猎者，并已移交到当地公安机关[①]。

**Protection grade:** Level 2 key wild animal under state protection, least concerned (LC) in the *Red List of China's Biodiversity - Vertebrate (2020)*.

**Ecological habit:** Cautious and mainly inhabiting in subtropical evergreen broad leaved forest where vegetation is dense but the plants below trees are sparse; tweeting seldom; omnivore mainly feeding on spear, bud, seed, etc. as well as animals such as insect.

**Relevant cultural background:** A very precious decorative bird in the traditional Chinese culture. As described in the Book of Birds, "Lophura nycthemera seems like pheasant in shape but is much whiter than pheasant; it always behaves in a leisure manner". Of the five kinds of rare birds raised by Li Fang in the Song Dynasty, Lophura nycthemera is hailed as "a leisure creature" and it was even used as the pattern of uniforms for Level 5 officials in the Qing Dynasty.

---

① 资料来源：https://zj.zjol.com.cn/news.html?id=1962801。

## ◎栗头鳽

*Gorsachius goisagi* 鹳形目鹭科夜鳽属

图 7-12 栗头鳽成年个体

【保护等级】国家二级重点保护野生动物,被列入《世界自然保护联盟(IUCN)濒危物种红色名录》中的易危(VU)物种;在《中国生物多样性红色名录——脊椎动物卷(2020)》中因缺少足够的物种信息,被列为"DD"等级。

【生态习性】夜行性的林栖鹭类喜林区,早晚在多草地区取食。于繁殖期及迁徙时发出深沉而带回音的似鸮类呼呼叫声。进食时发出呱呱声。在仙居属于旅鸟。

【仙居故事】2022年,科研人员在整理仙居国家公园生物多样性调查的红外相机影像资料时,意外在2021年6月神仙居地质公园的视频资料中发现,发现的栗头鳽尚未成年,因此颜色偏棕褐,仅在颈部具有明显的栗红色羽毛。

**Protection grade:** Level 2 key wild animal under state protection. It is listed as a Vulnerable (VU) species in the *Red List of Threatened Species of the International Union for Conservation of Nature (IUCN)*; but due to lack of sufficient imformation for assessment, it is classified as Data Deficient (DD) in *China Biodiversity Red List - Vertebrate (2020)*.

**Ecological habit:** This nocturnal forest - dwelling heron species prefers forested areas and forages in grassy regions in the early morning and evening. During the breeding season and migration, it emits a deep, echoing hooting sound similar to that of owls. It makes croaking noises while feeding. In Xianju, it is a passage migrant.

◎ 鸳鸯

*Aix galericulata* 雁形目鸭科鸳鸯属

图 7-13　鸳鸯雄性成年个体

【保护等级】国家二级重点保护野生动物，浙江省重点保护野生动物，被列入《中国生物多样性红色名录——脊椎动物卷（2020）》近危（NT）等级。

【生态习性】杂食性，营巢于树上洞穴或河岸，活动于多林木的溪流和湖泊。常寂静无声，求偶时发出断续、多音节的机械音，叫声为低哑的短哨声。在仙居是夏候鸟但罕见。

【仙居故事】常栖息于永安溪干流的下岸水库（坝址在仙居县溪港乡曹店村下游），这个水库也是多种雁鸭类的栖息地。

**Protection grade:** Level 2 key wild animal under state protection; key wild animal under the protection of Zhejiang Province, near threatened species (NT) in the *Red List of China's Biodiversity - Vertebrate (2020)*.

**Ecological habit:** Omnivore, nesting in tree holes or river banks and appearing mostly in woody streams and lakes. Always quiet with intermittent and polysyhlabic sounds like machine in courtship. Tweeting like a hoarse whistle.

◎ 黑翅鸢

*Elanus caeruleus* 鹰形目鹰科黑翅鸢属

图 7-14 黑翅鸢成年个体

【保护等级】国家二级重点保护野生动物，被列入《中国生物多样性红色名录——脊椎动物卷（2020）》近危（NT）等级。

【生态习性】一般单独活动，晨昏较为活跃，栖息于开阔田野、草地等生境，常站立在大树树梢或电线杆上；繁殖期叫声尖利；主要以小型鸟类、啮齿类、爬行类和大型昆虫为食。

**Protection grade:** Level 2 key wild animal under state protection, near threatened species (NT) in the *Red List of China's Biodiversity - Vertebrate (2020)*.

**Ecological habit:** Appearing independently; active in the morning and night; inhabiting in open farmland and grassland; mainly appearing on the top of tall trees or telegraph poles; apt to scream in reproduction season; mainly feeding on small birds, rodents, reptiles and large insects.

## ◎ 蛇雕

*Spilornis cheela* 鹰形目鹰科蛇雕属

图 7-15 蛇雕成年个体

【**保护等级**】国家二级重点保护野生动物，被列入《中国生物多样性红色名录——脊椎动物卷（2020）》近危（NT）等级。

【**生态习性**】常成对活动，栖息于深山密林中，一般在林缘或林中开阔地带捕食；天气晴好时会在高空盘旋，发出似啸声的叫声；主要以蛇、蛙、蜥蜴等为食，也吃啮齿类和鸟类。

【**仙居故事**】2019年8月，仙居县田市镇一村民在永安溪湿地公园路边发现一受伤个体，仙居县森林公安局民警和仙居野生动物保护协会将其救助。因为缺乏救助蛇雕经验，仙居县森林公安局工作人员驱车235千米将蛇雕送到有过类似成功救助案例的余姚市野生动物救助中心进行治疗。这次发现填补了仙居县的蛇雕分布空白。

**Protection grade:** Level 2 key wild animal under state protection, near threatened species (NT) in the *Red List of China's Biodiversity - Vertebrate (2020)*.

**Ecological habit:** Always appearing in pair; inhabiting in mountain and forest; finding food in the edge of forest or open land in forest; hovering at high attitude in sunny days with screech like crying; mainly feeding on snakes, frogs, lizards, etc. as well as rodents and birds.

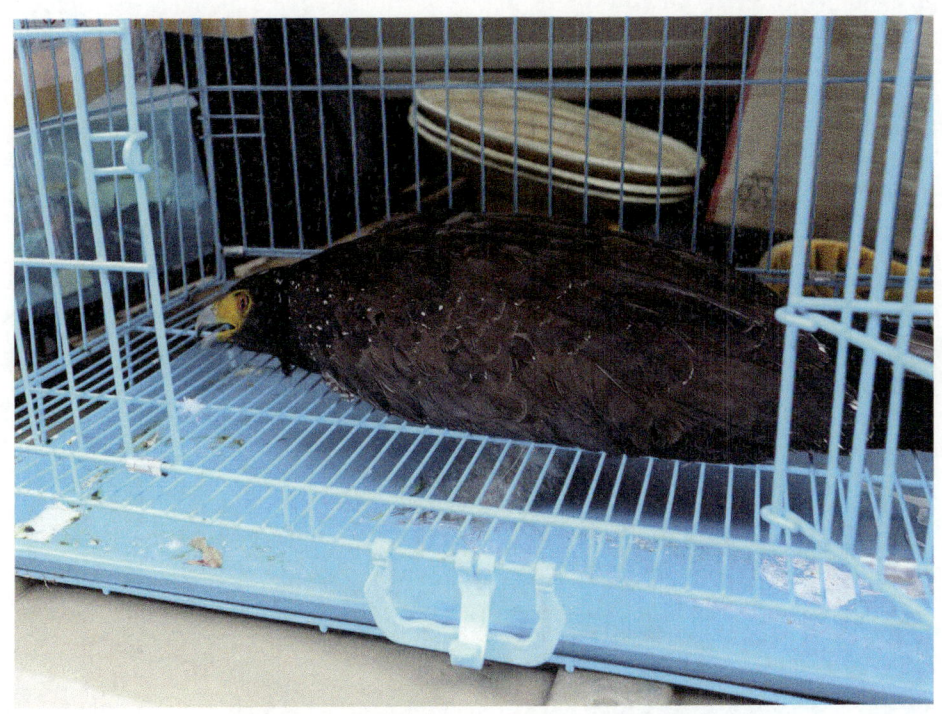

图 7-16　2019 年 8 月仙居县救助的蛇雕

## ◎ 林雕

*Ictinaetus malayensis* 鹰形目鹰科林雕属

图 7-17 林雕成年个体

【保护等级】国家二级重点保护野生动物，被列入《中国生物多样性红色名录——脊椎动物卷（2020）》近危（NT）等级。

【生态习性】栖息于山地丛林，喜在茶园等山中开阔地盘旋捕食；主要以鼠类、两栖爬行类和小型鸟类为食。

**Protection grade:** Level 2 key wild animal under state protection, near threatened species (NT) in the *Red List of China's Biodiversity - Vertebrate (2020)*.

**Ecological habit:** Inhabiting in mountain and jungle; fond of finding food in open land in mountain such as tea plantation; mainly feeding on mice, amphibians, reptiles and small birds.

## ◎ 凤头鹰

*Accipiter trivirgatus* 鹰型目鹰科鹰属

图 7-18　凤头鹰成年个体

【保护等级】国家二级重点保护野生动物，被列入《中国生物多样性红色名录——脊椎动物卷（2020）》近危（NT）等级。

【生态习性】一般单独活动，生性机警，栖息于森林和山脚林缘地带；繁殖季节在天空盘旋时会发出尖锐叫声，其他时间很少鸣叫；主要以啮齿类和鸟类为食，也吃两栖爬行类和大型昆虫。

**Protection grade:** Level 2 key wild animal under state protection, near threatened species (NT) in the *Red List of China's Biodiversity - Vertebrate (2020)*.

**Ecological habit:** Appearing independently; always alerted; inhabiting in forest, foot of mountain and the edge of forest; screeching while hovering in the sky in reproduction season but nearly quiet in other time; mainly feeding on rodents and birds as well as amphibians, reptiles and large insects.

## ◎ 赤腹鹰

*Accipiter soloensis* 鹰形目鹰科鹰属

图 7-19　赤腹鹰成年个体

【保护等级】国家二级重点保护野生动物，被列入《中国生物多样性红色名录——脊椎动物卷（2020）》无危（LC）等级。

【生态习性】栖息于山地林区、农田和村庄附近；喜站在视野开阔的树枝、电线上觅食，以啮齿类、两栖爬行类、小型鸟类和昆虫为食。

**Protection grade:** Level 2 key wild animal under state protection, least concerned species (LC) in the *Red List of China's Biodiversity - Vertebrate (2020)*.

**Ecological habit:** Inhabiting in mountain, forest, farmland and near village; fond of finding food with a clear view on branches and wires; mainly feeding on rodents, amphibians, reptiles, small birds and insects.

## ◎ 松雀鹰

*Accipiter virgatus* 鹰形目鹰科鹰属

图7-20 松雀鹰成年个体

【保护等级】国家二级重点保护野生动物，被列入《中国生物多样性红色名录——脊椎动物卷（2020）》无危（LC）等级。

【生态习性】生性机警，多单独活动，栖息在山地针叶林、阔叶林和混交林中；繁殖季节发出尖锐叫声；主要以小型鸟类、啮齿类为食。

**Protection grade:** Level 2 key wild animal under state protection, least concerned species (LC) in the *Red List of China's Biodiversity - Vertebrate (2020)*.

**Ecological habit:** Always alerted and appearing independently; inhabiting in coniferous forest, broad-leaved forest and mingled forest in mountain; apt to screech in reproduction season; mainly feeding on small birds and rodents.

## ◎ 领角鸮

*Otus lettia* 鸮形目鸱鸮科角鸮属

图 7-21 领角鸮成年个体

【保护等级】国家二级重点保护野生动物，被列入《中国生物多样性红色名录——脊椎动物卷（2020）》无危（LC）等级。

【生态习性】一般单独活动，栖息在山地、丘陵以及平原地区的林区中。夜行性，白天躲在浓密的树丛中，叫声为单音节的"喔……"，主要以小型鸟类、啮齿类和大型昆虫为食。

**Protection grade:** Level 2 key wild animal under state protection, least concerned species (LC) in the *Red List of China's Biodiversity - Vertebrate (2020)*.

**Ecological habit:** Appearing independently; inhabiting in mountain, hill and forest in plain area; nocturnal and hiding in dense trees in the daytime; screeching with monosyllabic wow; mainly feeding on small birds, rodents and large insects.

## ◎ 斑头鸺鹠

*Glaucidium cuculoides* 鸮形目鸱鸮科鸺鹠属

图 7-22　斑头鸺鹠成年个体

图 7-23　在仙居县被救助的斑头鸺鹠幼体

【保护等级】国家二级重点保护野生动物,被列入《中国生物多样性红色名录——脊椎动物卷(2020)》无危(LC)等级。

【生态习性】单独或成对活动,栖息在阔叶林、混交林、次生林,也出现在村镇及农田附近的稀疏林中;叫声为快节奏的连续颤音;主要以啮齿类、小型鸟类和昆虫为食。

【仙居故事】2019年5月,仙居县下各镇五丰村里基岙村的村民在自家房屋内发现5只斑头鸺鹠幼鸟,村民报警后5只幼鸟被仙居县下各派出所民警救助。

**Protection grade:** Level 2 key wild animal under state protection, least concerned species (LC) in the *Red List of China's Biodiversity - Vertebrate (2020)*.

**Ecological habit:** Appearing independently or in pair; inhabiting in broad-leaved forest, mingled forest and secondary forest, as well as in villages, towns and sparse forest near farmland; tweeting with fast and continuous vibrato; mainly feeding on rodents, small birds and insects.

图 7-24 斑头鸺鹠幼体救助现场

## ◎ 草鸮

*Tyto longimembris* 鸮形目草鸮科草鸮属

图 7-25 草鸮成年个体

【保护等级】国家二级重点保护野生动物，被列入《中国生物多样性红色名录——脊椎动物卷（2020）》近危（NT）等级。

【生态习性】罕见留鸟及冬候鸟。栖息于芦苇丛及长草丛中，在山坡、峡谷或开阔的高草地也可见；白天隐蔽，夜晚或弱光时才出来活动。营巢于树洞或岩隙中。草鸮为肉食性动物，主食鼠类和小型哺乳动物，也食蛇、蛙、鸟和昆虫。草鸮在条件有利时，全年均可繁殖，产卵于密密的草丛或芦苇丛中。

【仙居故事】俗名猴面鹰（其面盘灰棕色，呈心脏形，因此得俗名）。2015年，在仙居国家公园内一处建筑工地，工友们在草丛中发现了3只猴面鹰幼鸟。为了在两个月的成长期内不打扰它们，仙居县领导决定将重点项目停工两个月，这是仙居因为动物保护第一次成为热点区域。

**Protection grade:** Level 2 key wild animal under state protection, near threatened species (NT) in the *Red List of China's Biodiversity - Vertebrate (2020).*

**Ecological habit:** Rare resident and winter visitor. It inhabits reed beds and tall grass thickets, and can also be found on mountain slopes, in valleys, or in open high grasslands; it remains hidden during the day and becomes active at night or in low light. It nests in tree holes or rock crevices. The grass owl is a carnivorous animal, primarily feeding on rodents and small mammals, but also eats snakes, frogs, birds, and insects. The grass owl can breed throughout the year when conditions are favorable, laying eggs in dense grass or reed beds.

## ◎ 燕隼

*Falco Subbuteo* 隼形目隼科隼属

图 7-26 燕隼成年个体

【保护等级】国家二级重点保护野生动物，被列入《中国生物多样性红色名录－脊椎动物卷（2020）》无危（LC）等级。

【生态习性】常单独或成对活动，栖息于林缘或稀疏林地的开阔区域，飞行快而敏捷，常站在高大树干和电线杆上；以小型鸟类和昆虫为食。

**Protection grade:** Level 2 key wild animal under state protection, least concerned species (LC) in the *Red List of China's Biodiversity - Vertebrate (2020)*.

**Ecological habit:** Appearing independently or in pair; inhabiting in the edge of forest or open land of sparse forest; flying fast and agilely; always standing on tall trees and telegraph poles; feeding on small birds and insects.

## ◎ 红隼

*Falco tinnunculus* 隼形目隼科隼属

图 7-27 红隼成年个体

图7-28 在仙居县公安局大楼外的空调外机平台上孵化出的红隼幼体

**【保护等级】**国家二级重点保护野生动物,被列入《中国生物多样性红色名录 – 脊椎动物卷(2020)》无危(LC)等级。

**【生态习性】**主要捕食小型哺乳动物,也包括雀形目鸟类、蛙、蜥蜴和昆虫等,每只成鸟每年消灭害鼠438~548只。该物种飞翔力强,喜逆风飞行,飞行轻快,经常悬停;且具有明显的领地性,对同种和其他大中型鸟类均表现出明显的驱赶行为。红隼为单配制。在仙居为夏候鸟。

**【仙居故事】**仙居县公安局大楼的常住"鸟"口。2018年3月,一对红隼夫妻在公安局大楼外的空调外机平台上开始筑巢,并产下数枚鸟蛋。到了5月,孵化出的5只幼隼逐渐成长,随后与父母一同飞离。自此以后,红隼便成为仙居公安局的"常客",每年3至4月间如期而至,连续六年未曾间断,仿佛与民警们结下了不解之缘。为了更好地照顾这些特殊的"家人",民警们与仙居野生动物保护协会携手合作,精心策划了一系列保护措施。他们深入研究了红隼的生活习性,架设了监控设备,并定期对鸟巢进行细致的检查。同时,民警们还努力降低周围的噪声和干扰,以确保红隼能够安心地繁衍生息。

**Protection grade:** Level 2 key wild animal under state protection, least concerned species (LC) in the *Red List of China's Biodiversity - Vertebrate (2020)*.

**Ecological Habit:** Mainly preys on small mammals, and also includes passerine birds, frogs, lizards, and insects, etc. Each adult bird can eliminate approximately 438~548 harmful rodents per year. This species is known for its strong flying ability, preferring to fly against the wind with agile and light movements, and often hovers. It also exhibits distinct territorial behavior, showing clear driving-away actions towards conspecifics and other medium to large-sized birds. The Common Kestrel is monogamous. In Xianju, it is a summer migrant.

◎ **画眉**

*Garrulax canorus* 雀形目噪鹛科噪鹛属

图 7-29　画眉雄性成年个体

【保护等级】被列入《国家"三有"野生动物名录》，国家二级重点保护野生动物，被列入《中国生物多样性红色名录——脊椎动物卷》近危(NT)等级。

【生态习性】杂食性鸟类，主要以昆虫为食，秋冬季节则以植物种子和果实为主要食物来源。画眉主要分布于低海拔地区的丘陵、山脚平原和林缘地带，也常出没于农田、村落、城镇附近的灌木丛、竹林和庭园中。画眉的繁殖期为每年的3~8月，实行单配制。

【仙居故事】2019年2月，仙居县森林公安局、仙居国家公园管委会和仙居野生动物保护协会工作人员共同在仙居国家公园放生画眉。这次放生的是在专项行动中查获的未持有合法来源证明的画眉，共34只（国家"三有"野生动物的经营、运输等均须相关部门许可）。

**Protection grade:** It is listed in the *"List of Terrestrial Wild Animals under National Protection that are Beneficial or of Important Economic or Scientific Research Value"*, level 2 key wild animal under state protection, near threatened species (NT) in the *Red List of China's Biodiversity - Vertebrate (2020)*.

**Ecological habit:** Fearing and hiding from people; appearing in pair or small groups in secondary environment; tweeting with varied loud and melodious tones and able to imitate other birds' tweets; omnivore that mainly feeds on insects as well as fruits and seeds.

◎红嘴相思鸟

*Leiothrix lutea* 雀形目噪鹛科相思鸟属

图 7-30 红嘴相思鸟成年个体

图7-31　2019年在仙居国家公园发现的红嘴相思鸟

【保护等级】被列入《国家"三有"野生动物名录》,国家二级重点保护野生动物,被列入《中国生物多样性红色名录——脊椎动物卷(2020)》无危(LC)等级。

【生态习性】主要栖息于海拔 1200~2800 米的山地常绿阔叶林、常绿落叶混交林、竹林和林缘疏林灌丛地带。性大胆,不甚怕人,多在树上或林下灌木间穿梭、跳跃,偶尔也到地上活动和觅食,基本保持出双入对的状态(因此被视作爱情鸟的代表)。善鸣叫,尤其繁殖期间鸣声响亮、婉转动听。主要以毛虫、甲虫、蚂蚁等昆虫为食,也吃植物果实、种子等植物性食物。

【仙居故事】2016 年,浙江省林业厅、浙江省野生动植物保护协会联合发布《浙江最美鸟类评选结果公告》,红嘴相思鸟荣膺"浙江五大爱情之鸟"榜首。2019 年,法国开发署"仙居县域生物多样性保护和发展利用示范工程项目"支持了仙居国家公园春季迁徙期鸟类调查,生态环境部南京环境科学研究所和杭州市鸟类与生态研究会、浙江野鸟会在仙居国家公园及周边乡镇多次发现了红嘴相思鸟。

**Protection grade:** It is listed in the *"List of Terrestrial Wild Animals under National Protection that are Beneficial or of Important Economic or Scientific Research Value"*, level 2 key wild animal under state protection, least concerned species (LC) in the *Red List of China's Biodiversity - Vertebrate (2020)*.

**Ecological habit:** Mainly inhabiting in evergreen broad-leaved forest, evergreen deciduous mingled forest, bamboo forest and sparse forest and bushwood in the edge of forest in mountain with an altitude of 1,200~2,800m; bold and not fearing people; always weaving, jumping and flying on trees or in bushwood under forest, and sometimes appearing and finding food on the ground; good at tweeting, particularly loudly and melodiously in reproduction season; mainly feeding on insects such as caterpillars, beetles and ants, as well as vegetable food such as plant fruits and seeds.

◎ **棕头鸦雀**

*Sinosuthora webbiana* 雀形目莺鹛科棕头鸦雀属

图 7-32　仙居国家公园内的棕头鸦雀成年雄性个体

【保护等级】被列入《中国生物多样性红色名录——脊椎动物卷（2020）》无危（LC）等级。

【生态习性】性活泼好动，集群活动于中低海拔次生林地、灌草丛或农田；鸣唱悠扬，叫声连串且刺耳；杂食性，主要以昆虫为食，也吃植物种子等。

**Protection grade:** Least concerned species (LC) in the *Red List of China's Biodiversity - Vertebrate (2020)*.

**Ecological habit:** Lively and active; appearing in groups in secondary forest, bushwood, grass or farmland with a low altitude; tweeting melodiously but with consecutive and shrill tones; omnivore that mainly feeds on insects as well as seeds.

## ◎ 北红尾鸲

*Phoenicurus auroreus* 雀形目鹟科红尾鸲属

图 7-33　北红尾鸲成年个体

【**保护等级**】被列入《国家"三有"野生动物名录》，被列入《中国生物多样性红色名录——脊椎动物卷（2020）》无危（LC）等级。

【**生态习性**】北红尾鸲主要栖息于山地、森林、河谷、林缘和居民点附近的灌丛与低矮树丛中，尤以居民点和附近的丛林、花园、地边树丛较常见。常单独或成对活动。活动时常伴随着"滴—滴—滴"的叫声，声音单调、尖细而清脆。停歇时常不断地上下摆动尾和点头。主要以昆虫为食，仅兼食少量浆果或草籽。

**Protection grade:** It is listed in the *"List of Terrestrial Wild Animals under National Protection that are Beneficial or of Important Economic or Scientific Research Value"*, least concerned species (LC) in the *Red List of China's Biodiversity - Vertebrate (2020)*.

**Ecological habit:** Inhabiting in mountain, forest, river valley, edge of forest and bushwood and low trees near residential area, particularly in jungle, garden and trees by the roadside in and near residential area; appearing independently or in pairs with tweet like beep in monotonous tinny and clear tones; swinging tail and head up and down while resting; mainly feeding on insects as well as a few berries and grass seeds.

## ◎ 小燕尾

*Enicurus scouleri* 雀形目鹟科燕尾属

图 7-34　小燕尾成年个体

**【保护等级】**被列入《中国生物多样性红色名录——脊椎动物卷（2020）》无危（LC）等级。

**【生态习性】**主要栖息于湍急的山区溪流与河谷沿岸，多单独或成对活动，常站在山涧溪边岩石和急流中突出水面的巨石上，或在瀑布下的乱石堆上，尾不断地呈扇形散开和关闭，并上下摆动。生性活泼而大胆，不甚怕人。既在岸边陆地上觅食，也在水中觅食。主要以昆虫和昆虫幼虫为食。

**Protection grade:** Least concerned species (LC) in the *Red List of China's Biodiversity - Vertebrate (2020)*.

**Ecological habit:** Inhabiting on the bank of fast mountain stream and river valley; appearing independently or in pair; standing on big rock near mountain stream, boulders above torrent or stones under waterfall with tail fanned out and closed as well as swung up and down; lively, bold and not fearing people; finding food on the land of bank and in water; mainly feeding on insects and larvae.

## ◎ 叉尾太阳鸟

*Aethopyga christinae* 雀形目花蜜鸟科太阳鸟属

图 7-35　叉尾太阳鸟成年个体

【保护等级】浙江省重点保护野生动物，被列入《国家"三有"野生动物名录》，被列入《中国生物多样性红色名录——脊椎动物卷（2020）》无危（LC）等级。

【生态习性】主要栖息于低山丘陵和山脚平原地带的常绿阔叶林、次生林和热带雨林中。常单独或成对活动，性活泼大胆，不怕人，常在开花的树冠顶部花丛和枝叶丛中，也在树上寄生植物丛中活动和觅食。不时发出尖细而单调的叫声，繁殖期间也常站在树顶鸣唱，鸣声婉转。主要以花蜜为食，也吃昆虫等动物性食物。

**Protection grade:** key wild animal under the protection of Zhejiang Province, It is listed in the *"List of Terrestrial Wild Animals under National Protection that are Beneficial or of Important Economic or Scientific Research Value"*, least concerned species (LC) in the *Red List of China's Biodiversity - Vertebrate (2020)*.

**Ecological habit:** Inhabiting in evergreen broad-leaved forest, secondary forest and tropical rainforest of low mountain, hill and plain area at the foot of mountain mainly; appearing independently or in pair; lively, bold and not fearing people; flying and finding food in flowers, branches and leaves on top of the blossoming tree or in parasites of trees; tweeting intermittently with monotonous and tinny tones, singing melodiously on top of trees in reproduction season; mainly feeding on nectar as well as animal foods such as insects.

仙居的生物多样性和国家代表性

## 7.3 仙居的两栖爬行动物（Amphibians and reptiles）

◎ 白头蝰

*Azemiops feae* 有鳞目蝰科白头蝰属

图 7-36 白头蝰成年个体

【保护等级】被列入《国家"三有"野生动物名录》，被列入《中国生物多样性红色名录——脊椎动物卷（2020）》易危（VU）等级。IUCN列为易危（VU）级别。

【生态习性】栖息于山区有洞穴的岩石地带，也常到路边、稻田、草丛及住宅附近，平时单独生活，夜行性，黄昏时分比较活跃，有冬眠现象。白头蝰是混合毒素的前管牙类毒蛇。

【仙居故事】2016年3月19日，仙居登山协会几位资深驴友在仙居国家公园发现一条蛇，当晚他们将蛇的照片发给仙居国家公园管委会。仙居国家公园管委会将照片发到其专家微信群，生态环境部南京环科所的专家认为这可能是白头蝰，最后中科院成都生物所的专家鉴定这条蛇是白头蝰。

**Protection grade:** It is listed in the *"List of Terrestrial Wild Animals under National Protection that are Beneficial or of Important Economic or Scientific Research Value"*, vulnerable species (VU) in the *Red List of China's Biodiversity - Vertebrate (2020)*; classified as Vulnerable (VU) by the IUCN (2020).

**Ecological habit:** Inhabits rocky areas with caves in mountainous regions, and is also frequently found near roadsides, paddy fields, grasses, and residential areas. It usually lives alone, is nocturnal, and becomes more active around dusk. It hibernates during the winter. The White-banded Krait is a venomous snake with mixed toxins and belongs to the proteroglyphous (front-fanged) venomous snakes.

## ◎ 角原矛头蝮

*Protobothrops cornutus* 有鳞目蝰蛇科原矛头蝮属

图 7-37　角原矛头蝮成年个体

【保护等级】国家二级重点保护野生动物,被列入《中国生物多样性红色名录——脊椎动物卷》濒危(EN)等级。

【生态习性】角原矛头蝮分布区狭窄,稀有程度高,野外行踪隐秘,夜间出没于山区道路边缘的水渠附近,生活在以常绿阔叶林为主的植被环境中,且林下腐殖质丰富,以鼠类为食。

【仙居故事】2014 年 7 月,在仙居国家公园内首次发现角原矛头蝮。

**Protection grade:** Level 2 key wild animal under state protection, Endangered (EN) species in the *Red List of China's Biodiversity - Vertebrate (2020)*.

**Ecological habit:** Inhabiting in a narrow region featured by high rarity; mysterious route in field; appearing near canal at the edge of roads in mountainous area at night; inhabiting in the vegetation environment dominated by evergreen broad leaved forest with rich humus under forest; feeding on mice mainly.

## ◎ 尖吻蝮

*Deinagkistrodon acutus* 有鳞目蝰蛇科尖吻蝮属

图 7-38　尖吻蝮成年个体

【**保护等级**】被列入《中国生物多样性红色名录——脊椎动物卷（2020）》易危（VU）等级。

【**生态习性**】主要栖息在海拔400～700米的常绿和落叶混交林中，夏季喜欢在山坞的水沟一带活动，冬季多在树根形成的天然洞或旧鼠洞中越冬。以啮齿类、蛙类为食。俗称五步蛇。

**Protection grade:** Vulnerable species (VU) in the *Red List of China's Biodiversity - Vertebrate (2020)*.

**Ecological habit:** Mostly inhabiting in evergreen and deciduous mingled forest with an altitude of 400~700m; fond of appearing around ditches in mountain during summer and in natural cave formed by tree roots or old mouse hole in winter; feeding on rodents and frogs etc.

## ◎ 舟山眼镜蛇

*Naja atra* 有鳞目眼镜蛇科眼镜蛇属

图 7-39　舟山眼镜蛇成年个体

【保护等级】被列入《中国生物多样性红色名录——脊椎动物卷（2020）》易危（VU）等级。

【生态习性】垂直分布于70~1630米，栖息于平原、丘陵和低山。见于耕作区、路边、池塘附近、住宅院内，多于白昼活动。食性广泛，以蛙、蛇为主，鸟、鼠次之，也吃蜥蜴、泥鳅、鳝鱼及其他小鱼等。

**Protection grade:** Vulnerable species (VU) in the *Red List of China's Biodiversity - Vertebrate (2020)*.

**Ecological habit:** Vertically inhabiting in plain, hill and low mountain with an altitude of 70~1,630m; appearing in cultivated land, at roadside, near pond, and in yard; always acting in the daytime; feeding on a wide range of animals, mainly on snakes and frogs, followed by birds and mice as well as lizards, loach, eels and other small fishes.

◎ 王锦蛇

*Elaphe carinata* 有鳞目游蛇科锦蛇属

图 7-40 王锦蛇成年个体

【保护等级】被列入《国家"三有"野生动物名录》，被列入《中国生物多样性红色名录——脊椎动物卷（2020）》易危（VU）等级。

【生态习性】俗称菜花蛇。体大凶猛，且无毒，食谱广泛，野外捕食鼠、鸟、鸟蛋及其他小型动物。生活于平原、丘陵和山地。垂直分布范围：300~2300 米。头背鳞缝黑色，显"王"字斑纹。

**Protection grade:** It is listed in the *"List of Terrestrial Wild Animals under National Protection that are Beneficial or of Important Economic or Scientific Research Value"*, and Vulnerable species (VU) in the *Red List of China's Biodiversity - Vertebrate (2020)*.

**Ecological habit:** Also called Caihua Snake in Jiangsu Province and Zhejiang Province; fierce, large-size and non-poisonous; mainly feeding on a wide range of bird eggs and small animals including mice, birds, etc. Vertically inhabiting in plains, hills and mountainous areas with an altitude of 300~2,300m; with the dapple in the shape of "王" (a Chinese character) on the squamous suture of its head.

## ◎ 福建竹叶青

*Viridovipera stejnegeri* 有鳞目蝰科竹叶青属

图 7-41　福建竹叶青成年个体

【保护等级】被列入《国家"三有"野生动物名录》,被列入《中国生物多样性红色名录——脊椎动物卷(2020)》无危(LC)等级。

【生态习性】头侧具颊窝的中小型管牙类毒蛇。通身背面以绿色为主,尾具缠绕性,尾背及尾末段焦红色。头呈三角形,与颈区分明显,头背密布小鳞。眼黄色、橘色或橘红色,背鳞间皮肤黑灰色。

**Protection grade:** It is listed in the *"List of Terrestrial Wild Animals under National Protection that are Beneficial or of Important Economic or Scientific Research Value"*, least concerned species (LC) in the *Red List of China's Biodiversity - Vertebrate (2020)*.

**Ecological habit:** Small and medium solenoglyph with pits on the side of head. The back of the whole body is mainly green with dark red on the back and the end of its prehensile tile. Its triangle head can be obviously distinguished from neck with small scales fully covered on head and back. Yellow, orange or tangerine eyes while dark gray skin color between back and scales.

## ◎ 平胸龟

*Platysternon megacephalum* 龟鳖目平胸龟科平胸龟属

图 7-42　平胸龟成年个体

**【保护等级】**国家二级重点保护野生动物,被列入《中国生物多样性红色名录——脊椎动物卷(2020)》极危(CR)等级。

**【生态习性】**平胸龟主要生活在山涧清澈的溪流中。在沼泽地、水潭、河边及田边也有出没,一般多在夜间活动,可攀附石壁或爬树,借尾部的支撑可攀登比自身长度大的墙壁、树枝。白天多潜伏在池水中,到黄昏开始活动,有时会爬出池外到沙地上活动。平胸龟是典型的食肉性的动物;尤喜食活物,在野外,主要捕食蜗牛、蚯蚓、小鱼、螺类、虾类、蛙类等。

**Protection grade:** Level 2 key wild animal under state protection, critically endangered (CR) species in the *Red List of China's Biodiversity - Vertebrate (2020)*.

**Ecological habit:** Inhabiting in clear stream in mountain as well as marsh, pool, river bank and farmland; appearing at night; able to climb rocks or trees, and walls and branches longer than itself by support of tail; concealing in the pool in the daytime and appearing at dusk, sometimes wandering on sand out of the pool; typically carnivorous animal which is particularly fond of living creatures; mainly feeding on snails, earthworms, small fishes, conches, shrimps, frogs, etc, in the open.

◎ **北草蜥**

*Takydromus septentrionalis* 有鳞目蜥蜴科草蜥属

图 7-43　北草蜥成年个体

【保护等级】被列入《国家"三有"野生动物名录》，被列入《中国生物多样性红色名录——脊椎动物卷（2020）》无危（LC）等级。

【生态习性】栖居于山区、丘陵之农田、茶园、荒野、路边草丛、灌木丛中。冬眠时多匿藏于草根下、树根下或田埂边之土洞中或路边石下。春秋季节多在中午前后活动觅食，见于阳光照到的草丛中。夏季气温高，中午较少活动，且多在背阴处觅食，受到惊扰则迅速逃遁。

**Protection grade:** It is listed in the *"List of Terrestrial Wild Animals under National Protection that are Beneficial or of Important Economic or Scientific Research Value"*, and least concerned (LC) in the *Red List of China's Biodiversity - Vertebrate (2020)*.

**Ecological habit:** Inhabiting in farmlands, tea gardens, wildernesses, grass and bushwood in mountainous or hilly areas; concealing themselves under the roots of grass and trees, soil caves on the ridges of field, or rocks on the roadside in hibernation period; finding food in grass under sunshine around noon in spring and autumn; rarely seen at noon time in summer due to hot weather conditions; fond of finding food in shade and slipping away once feeling threatened.

## ◎ 中国瘰螈

*Paramesotriton chinensis* 有尾目蝾螈科瘰螈属

图 7-44　中国瘰螈成年个体

【保护等级】国家二级重点保护野生动物，被列入《中国生物多样性红色名录——脊椎动物卷（2020）》近危（NT）等级。

【生态习性】中国瘰螈多生活在200～1200米丘陵低山的溪流中，一般水面宽阔，水底多有小石子和泥沙。成螈白天常隐伏于水底石块间、枯枝烂叶下，有的在水下爬行，时而游向水面呼吸空气或到岸边觅食；阴雨天气常上岸在草丛中或腐叶层下活动。冬眠期成螈多潜伏在深水潭底。瘰螈均为肉食性，捕食水蚯蚓、叩头虫、叶甲虫、象鼻虫、蜗牛、螺等小型动物。

**Protection grade:** Level 2 key wild animal under state protection, near threatened (NT) species in the *Red List of China's Biodiversity - Vertebrate (2020)*.

**Ecological habit:** Living most in the stream of hill and low mountain area with an altitude of 200~1,200m; the water surface is generally broad and small stones and sand can be mostly found at the bottom of stream. Hiding among the stones and deadwood at the bottom of water in the daytime; some may crawl underwater, breathing out of water surface sometimes or finding food at the bank in some other times; wandering in grass or below mull leaf bed in cloudy and rainy days; concealing at the bottom of deep pool mostly in hibernation period; mainly feeding on small animals such as Tubificidae, Elateri- dae, Stilodes sedecimmaculata, weevil, snail, conch, etc.

## ◎ 虎纹蛙
*Hoplobatrachus rugulosus* 无尾目叉舌蛙科虎纹蛙属

图 7-45 虎纹蛙成年个体

【保护等级】国家二级重点保护野生动物，被列入《中国生物多样性红色名录——脊椎动物卷》濒危（EN）等级。

【生态习性】虎纹蛙常生活于海拔900米以下稻田、沟渠、池塘、水库、沼泽地等有水的地方，其栖息地随觅食、繁殖、越冬等不同生活时期而改变。繁殖季节主要在稻田等静水、浅水区活动，当年幼蛙，大多生活于石块砌成的田埂、石缝等洞穴中，仅将头部伸出洞口，如有食物活动则迅速捕食之，若遇敌害便隐入洞穴中。在黄昏后的几个小时，虎纹蛙活动最为频繁，尤其是在傍晚，异常兴奋。

**Protection grade:** Level 2 key wild animal under state protection, endangered species (EN) in the *Red List of China's Biodiversity - Vertebrate (2020)*.

**Ecological habit:** Inhabiting generally in the places with water, such as rice field, ditch, pool, reservoir, marshland, etc. with an altitude below 900m; the habitat may change in different growing periods such as foraging, reproduction and wintering. In the reproduction season they generally inhabit in still and shallow water area of rice field. The frog let of the current year mostly inhabit in the holes of ridges made from stones and stone cracks. Their head will stretch out of holes and catch food upon finding them. They may hide in hole if encountering any enemy; their activities are most frequent several hours after dusk and very much excited in the evening.

## ◎ 凹耳臭蛙

*Odorrana tormota* 无尾目蛙科臭蛙属

图 7-46　凹耳臭蛙成年个体

【保护等级】未被列入任何保护等级。

【生态习性】生活于海拔 150～700 米的山溪附近，白天隐匿在阴湿的土洞或石穴内；夜晚栖息在山溪两旁灌木枝叶、草丛的茎杆上或溪边石块上，4～6月雄蛙发出"吱"的单一鸣声，音如钢丝摩擦发出的声音，此期间雌蛙腹部丰满。

**Protection grade:** Not list in Red List so far.

**Ecological habit:** Inhabiting near stream in mountain with an altitude of 150~700m; hiding in damp soil or stone caves in the daytime and resting on bushwood leaves on both sides of stream, stems of grass or stones beside stream at night. Male ones squeak like rubbing wires while female have bulge belly from April to June.

## ◎ 天台粗皮蛙

*Glandirana tientaiensis* 无尾目蛙科粗皮蛙属

图 7-47 天台粗皮蛙成年个体

【保护等级】被列入《中国生物多样性红色名录——脊椎动物卷（2020）》易危（VU）等级。

【生态习性】生活于海拔 100～600 米的丘陵地区或山区的较开阔地带，常栖于流速缓慢的溪流岸边，白天隐匿在岸边石隙、泥土下。繁殖期间雄蛙可发出"啯、啯、啯"的鸣叫声。多在夜间捕食，主要捕食溪流附近的昆虫。每年 11 月开始在溪流岸边的泥土下冬眠。翌年 3 月苏醒。

**Protection grade:** Vulnerable species (VU) in the *Red List of China's Biodiversity - Vertebrate (2020)*.

**Ecological habit:** Inhabiting in hills or relatively open lands in mountain with an altitude of 100~600m; always living on the bank of slow stream and hiding under gravel cracks and dirt of the bank. Male ones croak in reproduction season. Always finding food at night mainly for insects near stream; starting hibernation each year under the dirt of stream bank from November and waking up at March next year.

## ◎仙居角蟾

*Megophrys xianjuensis* 无尾目角蟾科角蟾属

图 7-48 仙居角蟾成年个体

【保护等级】2023 年被列入《国家"三有"野生动物名录》。

【生态习性】分布于括苍山山脉亚热带常绿阔叶林生态系统中的溪流附近，海拔范围一般在 500 米以下。

【仙居故事】2019 年，中国科学院成都生物研究所和生态环境部南京环境科学研究所联合调查团队在仙居国家公园发现的新物种。

**Protection grade:** Not evaluated (NE).

**Ecological habit:** The species can be found in the stream of evergreen broad-leaved forest in subtropical mountainous region and the regions nearby easily; range of altitude: normally lower than 500m.

## 7.4 仙居的鱼类（Fishes）

### ◎ 花鳗鲡

*Anguilla marmorata* 鳗鲡目鳗鲡科鳗鲡属

图 7-49　花鳗鲡成年个体

【保护等级】国家二级重点保护野生动物，被列入《中国生物多样性红色名录——脊椎动物卷（2020）》濒危（EN）等级。

【生态习性】一般体长70~80厘米，体重约5公斤。典型江河洄游鱼类，生长于河口、沼泽、河溪、湖塘、水库等。性情凶猛，昼伏夜出，捕食鱼、虾等小动物。灵江水系历史上花鳗鲡种群数量较多，但由于水体污染、过度捕捞、拦河建坝等阻断了花鳗鲡的正常洄游通道，致使花鳗鲡的资源量急剧下降。永安溪经过整治后水环境明显改善，已能偶见花鳗鲡。

【仙居故事】花鳗鲡被仙居人称为雪鳗，近年偶有出现。2024年2月，仙居市民在永安公园大坝下永安溪河道内发现受伤的成年个体，仙居县农业行政执法三队对其进行了及时救治，并联合仙居野生动物保护协会将其放生到仙居国家公园内。

**Protection grade:** Level 2 key wild animal under state protection, and endangered species (EN) in the *Red List of China's Biodiversity - Vertebrate (2020)*.

**Ecological habit:** 70~80cm in length; about 5kg in weight; a typical migratory fish etc. with fierce temperament inhabiting in estuaries, marshes, rivers, ponds, reservoirs; hiding in the daytime and coming out at night; feeding on fish, shrimps and other small animals. Rich variety in Lingjiang River in the past; dramatic decrease of quantity at present due to water pollution, overfishing and dams blocking their migratory channels. There are a few of marbled eels distributed in Yong'an river after its renovation project.

仙居的生物多样性和国家代表性

◎ **温州光唇鱼**

*Acrossocheilus wenchowensis* 鲤形目鲤科光唇鱼属

图 7-50　温州光唇鱼成年个体

【保护等级】被列入《中国生物多样性红色名录——脊椎动物卷（2020）》无危（LC）等级。

【生态习性】喜栖息于石砾底质、水清流急之河溪中，常以下颌发达之角质层铲食石块上的苔藓及藻类。每年6~8月在浅水急流中产卵。个体中等大，一般体长15~20厘米。卵巢有毒。

**Protection grade:** Least Concerned (LC) in the *Red List of China's Biodiversity - Vertebrate (2020)*.

**Ecological habit:** Inhabiting in stream with chad bottom, clear water and rushing current; it feeds on moss and algae on stone with the cuticle of developed underjaw; it lays eggs in the shallow water with rush current in June - August. Medium size; length: 15~22cm; ovary is poisonous.

## ◎ 马口鱼

*Opsariichthys bidens* 鲤形目鲤科马口鱼属

图7-51 马口鱼成年个体

【保护等级】被列入《中国生物多样性红色名录——脊椎动物卷（2020）》无危（LC）等级。

【生态习性】马口鱼多生活于山涧溪流中，尤其是在水流较急的浅滩，底质为砂石的小溪或江河支流中；在静水湖泊及江河深水处皆少见。它们通常集群活动，常同鱲鱼一起游泳、生活。

**Protection grade:** Least Concerned (LC) in the *Red List of China's Biodiversity - Vertebrate (2020)*.

**Ecological habit:** Inhabiting in mountain streams mostly, particularly the shallow with rush current or stream with aggregate bottom or river branches; it can be hardly seen in static lake and deep water of rivers; it usually appears in groups and swims and lives together with Zacto platypus.

## ◎ 长鳍马口鱼

*Opsariichthys evolans* 鲤形目鲤科须马口鱼属

图7-52　长鳍马口鱼成年个体

【保护等级】被列入《中国生物多样性红色名录——脊椎动物卷（2020）》无危（LC）等级。

【生态习性】分布于山溪或者清澈的小河间，群居。杂食性，吃各种水生小生物、青苔、水草以及食物碎屑。

**Protection grade:** Least Concerned (LC) in the *Red List of China's Biodiversity - Vertebrate (2020)*.

**Ecological habit:** Inhabiting generally in mountain stream or clear river; living in groups; omnivorethat generally feeds on different kinds of small aquatic organisms, moss, aquatic plant and food debris.

## ◎ 神农吻虾虎鱼

*Rhinogobius shennongensis* 鲈形目虾虎鱼科吻虾虎鱼属

图 7-53 神农吻虾虎鱼成年个体

【保护等级】被列入《中国生物多样性红色名录——脊椎动物卷（2020）》易危（VU）等级。

【生态习性】喜生活于急流浅滩，以特有为圆形的腹鳍吸附于砾石上，平时常藏身于砾石缝隙间。

**Protection grade:** Vulnerable species (VU) in the *Red List of China's Biodiversity - Vertebrate (2020)*.

**Ecological habit:** Shallow with rush current preferred; absorbing on gravel with its special round ventral; hiding among gravel cracks usually.

◎ 宽鳍鱲

*Zacco platypus* 鲤形目鲤科鱲属

图 7-54　宽鳍鱲成年个体

【保护等级】被列入《中国生物多样性红色名录——脊椎动物卷（2020）》无危（LC）等级。

【生态习性】喜欢嬉游于水流较急、底质为砂石的浅滩。江河的支流中较多，而深水湖泊中则少见。以浮游甲壳类为食，兼食一些藻类、小鱼及水底的腐殖物质。

**Protection grade:** Least Concerned (LC) in the *Red List of China's Biodiversity - Vertebrate (2020)*.

**Ecological habit:** Fond of playing in the shallow with rush current and gravel bottom; mostly appearing in river branches and hardly appearing in deep water lake. Feeding on plankton crustacean as well as some algae, little fishes and humic substance at the bottom of water.

## 7.5 仙居的昆虫（Insects）

◎ 仙居马诺亚摇蚊

*Manoa xianjuensis* 双翅目摇蚊科马诺亚摇蚊属

图 7-55 仙居马诺亚摇蚊成虫

**【保护等级】**新发现的物种，未被列入保护名录。

**【物种简介】**马诺亚摇蚊属在距今至少 1 亿年前的白垩纪中期就已出现，是摇蚊科昆虫现存最为古老的类群之一。马诺亚摇蚊属此前仅在非洲、北美洲和南美洲记录 3 种，仙居马诺亚摇蚊为该属在中国乃至东洋界的首次发现。摇蚊均不叮人，其幼虫生活在各类水体中，是重要的水环境指示生物。

**【仙居故事】**2016 年 5 月，台州学院齐鑫教授在仙居国家公园内发现该物种。其后，记载该摇蚊新种的论文在 SCI 期刊 *Zootaxa* 2017 年第 3 期刊发，并将该摇蚊照片作为了期刊封面图片。

## ◎ 拉布甲

*Carabus lafossei* 鞘翅目步甲科拉步甲属

图 7-56　拉布甲成虫

【保护等级】国家二级重点保护野生动物,被列入《中国物种红色名录》近危(NT)等级。

【物种简介】中国特有种,主要分布于江苏、福建、浙江等地,常栖息于砖石、落叶下,擅长在地面爬行,在仙居国家公园内多见。

**Protection grade:** Level 2 key wild animal under state protection; near threatened (NT) species in the *Red List of China's Biodiversity.*

**Species introduction:** Endemic to China; arthropod of lucanidae of coleopteran of insecta; main distributed site: Jiangsu, Fujian, Zhejiang, etc. of China; generally inhabiting below bricks, stones and fell leaves; good at creeping on the ground.

## 红边鬼艳锹甲

*Odontolabis cuvera sinensis* 鞘翅目锹甲科鬼艳锹甲属

图 7-57　红边鬼艳锹甲成虫

【保护等级】被列入《国家"三有"野生动物名录》，被列入《中国物种红色名录》易危（VU）等级。

【物种简介】中国特有种，隶属于节肢动物昆虫纲鞘翅目锹甲科。主要栖息于气候温暖、海拔0~1500m的森林中。国内主要分布于广东、广西、云南、浙江等地，在我国被用于人工繁殖，观赏性昆虫。

**Protection grade:** It is listed in the *"List of Terrestrial Wild Animals under National Protection that are Beneficial or of Important Economic or Scientific Research Value"*, vulnerable species (VU) in the *Red List of China's Biodiversity*.

**Species introduction:** Endemic to China; arthropod of lucanidae of coleopter- an of insecta; mainly inhabiting in the forest with warm climate and an altitude of 0~1,500m; main distribution sites: Guangdong, Guangxi, Yunnan, Zhejiang, etc. of China; it is artificially cultured in China as a kind of decorative insect.

## ◎ 中国虎甲

*Cicindela chinenesis* 鞘翅目虎甲科虎甲属

图 7-58 中国虎甲成虫

【物种简介】幼虫生活于成虫挖掘的垂直形土穴中,活动时若受惊则退入洞内。成虫飞翔力强,常在山涧小路上的行人面前迎飞,故得名"拦路虎"。成虫或幼虫均为肉食性。以捕食活虫及其他小型动物为生。

**Species introduction:** The larvae live in the vertical soil cave dig by adults, and will be away into the cave once being frightened while wandering. The adults are strong flyers, rushing in front of people walking on mountain path, thus being called "the lion in the path". Both larvae and adults are carnivorous, feeding on living insects and other small animals.

## ◎ 咖啡透翅天蛾

*Cephonodes hylas* 鳞翅目天蛾科透翅天蛾属

图 7-59　咖啡透翅天蛾成虫

**【物种简介】**中国特有种，隶属于节肢动物昆虫纲鳞翅目天蛾科。主要危害药用植物黄栀子、栀子等植物，常被误认为是蜂鸟，是透翅天蛾属中最常见的种类。

**Species introduction:** Endemic to China; arthropod of sphingidae of lepidoptera of insecta; it mainly causes damage to the plants such as medicinal gardenia and Gardenia jasminoides Ellis; generally misunderstood as hummingbird; the most common variety in Cephonodes.

## 仙居的生物多样性和国家代表性

◎ **樗蚕蛾**

*Philosamia cynthia* 鳞翅目大蚕蛾科樗蚕蛾属

图 7-60　樗蚕蛾成虫

**【物种简介】**樗（Chu），是臭椿树的古称，樗蚕蛾以臭椿为食，也会危害乌桕、樟树、盐肤木、核桃等。樗蚕蛾成虫体长25~33毫米，翅展127~130毫米，翅膀棕褐色，最明显的特征就是前后翅中央各有一个较大的新月形斑。

**Species introduction:** Chu, the name of Ailanthus altissima in ancient time. This insect feeds on Ailanthus altissima but also wreaks havoc to Sapium sebiferum, Cinnamomum camphora, Rhus chinensis, Juglans regia, etc. The adults are 25~33mm in length with a wingspan of 127~130mm. The most notable feature on its brown wings is a large crescent spot on the center of its each fore wing and hind wing.

◎ **柑橘凤蝶**

*Papilio xuthus* 鳞翅目凤蝶科凤蝶属

图 7-61　柑橘凤蝶成虫

【物种简介】隶属于节肢动物昆虫纲鳞翅目凤蝶科。寄主为楝叶吴茱萸、臭檀吴萸、花椒、柑橘属。盛夏时节常出现于石塘旁边的溪流边上，为我国常见的一种凤蝶种类，体型大而色斑鲜艳，翅展达 10 厘米左右。

**Species introduction:** Arthropod of papilionidae of lepidoptera of insecta; its host includes Evodia glabrifolia, Tetradium daniellii, pepper and citrus; generally appearing at the edge of stream beside pool in middle summer; a kind of common swallowtail in China; large in size and colorful in patch.

◎ **青凤蝶**

*Graphium sarpedon* 鳞翅目凤蝶科青凤蝶属

图 7-62　青凤蝶成虫

【物种简介】隶属于节肢动物昆虫纲鳞翅目凤蝶科。幼虫寄主为樟科香樟等植物，一年发生两代。主要生活在海拔 800 米以下温暖区域的樟科植物的林间或苗地枝叶荫蔽处。夜伏昼出，常追逐于树梢顶部。飞翔力极强，速度快。以取食花蜜为生。虽然青凤蝶体形色彩十分迷人，却能对多种树木造成破坏。

**Species introduction:** Arthropod of papiliomdae of lepidoptera of insecta; larva host includes such plants as Cinnamomum camphora of Lauraceae; reproduction for twice within a year; mainly inhabiting among canella forest or shelter of nursery stock branches in warm region with an altitude below 800m; lurking at night and appearing in the daytime; chasing always at the tip of trees; strong flying power with a fast speed; feeding on nectar; Graphium sarpedon has a delicate shape and charming color and could destroy many different kinds of trees.

## ○ 蛇神黛眼蝶

*Lethe satyrina* 鳞翅目眼蝶科黛眼蝶属

图 7-63　蛇神黛眼蝶成虫

【物种简介】翅茶褐色。前翅前缘拱凸，外缘浑圆。后翅外缘波状，臀角处隐见眼斑一枚。翅反面黄褐色，其线比翅色浅，紫白色；前翅近顶角处有两个叠连的眼斑，后翅亚缘有六个眼斑列，第一个眼斑特别大，中域有两条淡紫色线，外侧一条曲折。

**Species introduction:** Dark brown wings. The front edge of its fore wings is arched and the rear is wavy with an ocellus; the other side of its wings is in tawny brown with light purple strips. There are 2 overlapped ocelli on the location close to the edge of fore wings and 6 ocelli on the hind wings of which the first ocellus is quite large. 2 strips in light purple can be seen in the middle wings and the outer one is curved.

◎ 波蚬蝶

*Zemeros flegyas* 鳞翅目蚬蝶科波蚬蝶属

图 7-64　波蚬蝶成虫

【物种简介】翅展35毫米左右。翅面绯红褐色,脉纹色浅;有白点,在每个白点的内方均连有1个深褐色斑;前翅外缘波曲,后翅外缘中部突出。翅反面色淡,斑纹清晰。

**Species introduction:** Its wings are about 35mm in length and in red brown color with light veins on them. Each white spot on wings are connected with another 1 brown spot; the outer edge of its fore wings is curved and the middle edge of its hind wings is arched. Clear stripes and light color on the reverse side of wings.

## ◎二尾蛱蝶

*Polyura narcaea* 鳞翅目蛱蝶科二尾蛱蝶属

图7-65 二尾蛱蝶成虫

【**物种简介**】二尾蛱蝶前后翅斑纹酷似我国古代军事上常用的弓箭图形，又称为"弓箭蝶"。二尾蛱蝶是一种飞行迅速，有着两对尾突的美丽蝶种。它们多活动于林间的开阔地及山谷间，雄成虫特别喜欢吸食动物的粪便，常可在厕所见到它们。

**Species introduction:** Also called "bow-arrow butterfly" due to the front and rear dapples in the shape of bow and arrow widely used in military of ancient China. A kind of beautiful butterfly with two pairs of cerci and able to fly in a quite fast speed; always appearing in the open ground of forests and valleys. Male ones are fond of sucking feces of animals, making them easily found in toilets.

◎ 斐豹蛱蝶

*Argynnis hyperbius* 鳞翅目蛱蝶科豹蛱蝶属

图 7-66　斐豹蛱蝶成虫

【物种简介】体型中等，雌雄异型，色彩艳丽，喜飞翔于鲜花丛中，是赏蝶的适宜品种。雄、雌异形。雄蝶翅展66毫米，面红黄色，布满黑色豹斑，前翅外缘脉端有菱形小斑，中室内有4条横纹。雌蝶外形与有毒的金斑蝶相似，翅展71毫米，前翅面端半部紫黑色，有一条宽的白色斜带。顶角有几个白色小斑。

**Species introduction:** Medium size; sexual dimorphism; pretty colors; fond of flying in flowers and grass; ornamental butterfly. The female ones look like poisonous danaus chrysippus. The wings of male ones are in reddish yellow with black leopard print, 66mm in length. Diamond-shaped spots on the outer edge of fore wings and 4 stripes on its middle body. The front part of female's wings (71mm) is black purple. There are several white spots on the vertical angle close to the edge and one wide white oblique line on its wings.

## 7.6 其他动物（Other animals）

◎ **桃花水母**

*Craspedacusta*（属名）淡水水母目笠水母科桃花水母属

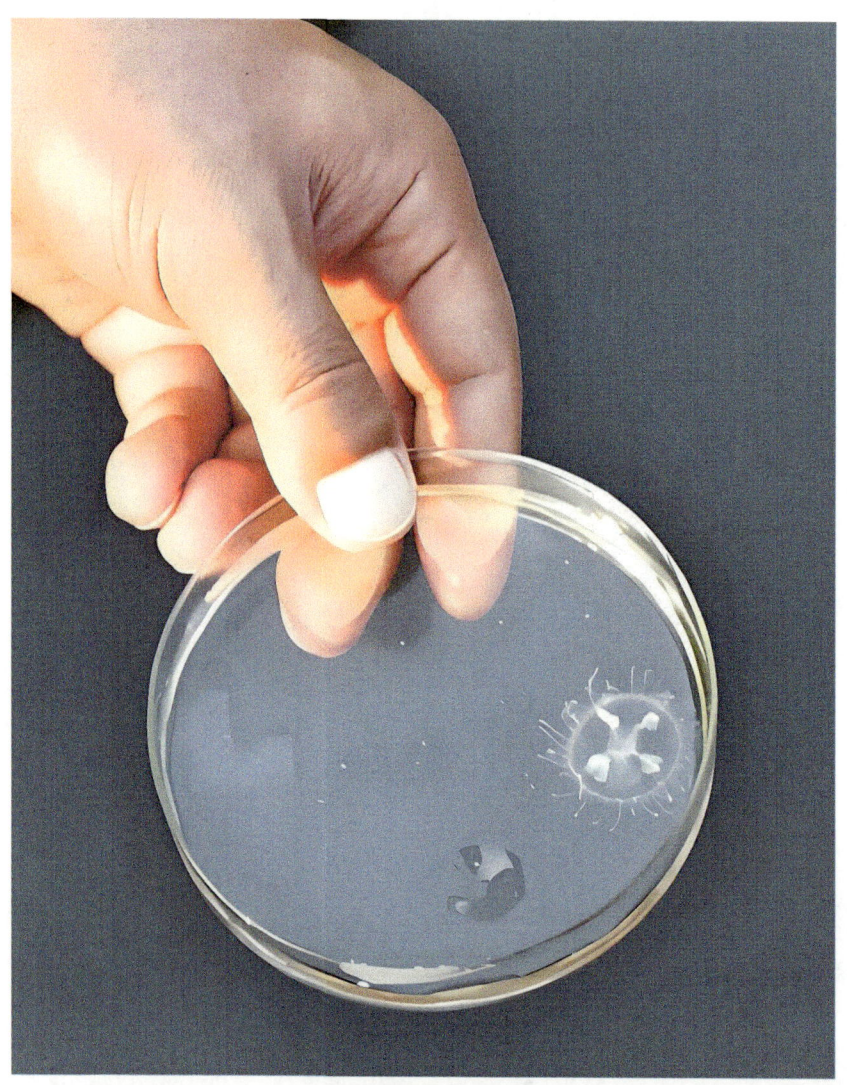

图 7-67 桃花水母

【物种简介】水螅纲淡水水母目笠水母科的一属，共11种，是小型淡水水母（Freshwater jellyfish）。该属水母直径1.5~2厘米（略大于普通人手的拇指盖），具有很多触手，缘膜很厚。其生命周期由无性繁殖和有性繁殖阶段组成：水螅型阶段仅有数毫米大小，钟形身体的边缘有数百根短触手；螅形体高约2公厘（1厘=0.333毫米），无触手，借出芽方式产生水母体。

桃花水母生活在清洁的江河、湖泊之中。其遇到食物时，触手上的刺丝囊即射出刺丝，刺中被捕获物，顷刻将其麻痹，以触手送入口中，吞入胃内。桃花水母的主要食物由浮游动物组成，浮游动物的大小范围为0.2~2毫米。

桃花水母是名副其实的"活化石"，具有极高的研究价值和观赏价值，作为生物进化过程形成的一个物种，其生物多样性地位可和大熊猫相比。2016年后，仙居国家公园的游客多次发现桃花水母，但均未鉴定到种。

**Species introduction:** It belongs to a genus of the class Hydrozoa, order Limnomedusae, and family Olindiidae. There are a total of 11 species, which are small - sized freshwater jellyfish. The jellyfish of this genus have a diameter of 1.5~2 centimeters (slightly larger than the thumb - nail of an average person), possess numerous tentacles, and have a thick velum. Their life cycle consists of an asexual reproduction stage and a sexual reproduction stage. The polyp stage is only a few millimeters in size, with hundreds of short tentacles at the edge of the bell - shaped body. The hydranth is about 2 millimeters in height (1 centimeter = 0.333 millimeters), has no tentacles, and produces medusae by budding.

Freshwater jellyfish live in clean rivers and lakes. When they encounter food, the nematocysts on their tentacles shoot out nematocysts, sting the prey, paralyze it instantly, and then send it into their mouths with their tentacles and swallow it into the stomach. The main food of freshwater jellyfish consists of zooplankton, and the size range of zooplankton is 0.2~2 millimeters.

Freshwater jellyfish are veritable "living fossils", with extremely high research and ornamental value. As a species formed in the process of biological evolution, their status in biodiversity can be compared with that of giant pandas. After 2016, tourists in Xianju National Park discovered freshwater jellyfish several times, but none of them were identified to the species level.

# 第八章
# 仙居的植物多样性

## 8.1 裸子植物（Gymnosperm）

### ◎南方红豆杉

*Taxus mairei* 松杉目红豆杉科红豆杉属

图 8-1　南方红豆杉

【保护等级】国家一级重点保护野生植物，被列入《中国生物多样性红色名录——高等植物卷（2020）》近危（NT）等级。

【物种简介】我国特有种，是一种白垩纪孑遗树种。枝叶浓郁，树形优美，种子成熟时果实满枝逗人喜爱，既是优良的用材树种，又是优美的观赏树种。南方红豆杉根、茎、叶皮及种子中也含有紫杉醇，可用作抗癌药物。

**Protection grade:** Level 1 key wild plant under state protection, near threatened species (NT) in the *Red List of China's Biodiversity - Higher Plant (2020)*.

**Species introduction:** Endemic to China, it is a kind of relict tree in the cretaceous period. With dense branches and leaves and elegant shape, it is very interesting and charming especially when its seeds become mature; it is not only the excellent commercial tree species but also elegant appreciative tree. Its root, stem, leave, skin and seed contain Paclitaxel, which can be used for anti-tumor treatment.

## ◎ 长叶榧树

*Torreya jackii* 松杉目红豆杉科榧树属

图 8-2 长叶榧树

**【保护等级】**国家二级重点保护野生植物，被列入《中国生物多样性红色名录——高等植物卷（2020）》易危（VU）等级。

**【物种简介】**我国特有种，第三纪孑遗种、古老的残存种。是东亚至北美植物区系的一个间断分布属种，对科学研究具有重要意义。树形美观，四季常绿，可作庭园树种。

**Protection grade:** Level 2 key wild plant under state protection, vulnerable species (VU) in the *Red List of China's Biodiversity - Higher Plant (2020)*.

**Species introduction:** Endemic to China, relic species in the Tertiary period and ancient relic species; it is a disjunctive distribution species of East Asia - North American flora and has critical significance to scientific research. With elegant shape, it is green in all four seasons and an ideal choice of courtyard tree.

## 8.2 被子植物（Angiosperm）

◎ **伯乐树**

*Bretschneidera sinensis* 杜鹃花目伯乐树科伯乐树属

图8-3 伯乐树花絮

**【保护等级】**国家二级重点保护野生植物,被列入《中国生物多样性红色名录——高等植物卷(2020)》近危(NT)等级。

**【物种简介】**我国特有单种科植物,第三纪孑遗种,对研究被子植物系统发育及古地理、古气候等方面有重要科学价值。树形优美,叶、花、果大型美观,被誉为"植物中的龙凤",是优良的用材和园林观赏树种。

**Protection grade:** Level 2 key wild plant under state protection; near threatened (NT) species in the *Red List of China's Biodiversity - Higher Plant (2020)*.

**Species introduction:** Unique monotypic family plant in China, relic species in the Tertiary period with significant scientific value of studying the development of angiosperm system as well as the ancient geography and climate; elegant shape and large and beautiful leaves, flowers and fruit; it is therefore hailed as the "most precious one of all plants"; excellent commercial tree species and landscape decorative species.

◎**鹅掌楸**

*Liriodendron chinense* 木兰目木兰科鹅掌楸属

图 8-4 鹅掌楸的叶与花

【保护等级】国家二级重点保护野生植物,被列入《中国生物多样性红色名录——高等植物卷(2020)》无危(LC)等级。

【物种简介】又称马褂木,它的叶子像马褂,又似鹅掌,因而得名。因其叶形奇特,花朵美丽,是我国著名的观赏植物。

**Protection grade:** Level 2 key wild plant under state protection, Least Concerned (LC) in the *Red List of China's Biodiversity - Higher Plant (2020)*.

**Species introduction:** It is also called liriodendron Chinese, for its leaves seem like Chinese jacket and goose web in shape. With special leaf shape and charming flowers, it is the famous decorative plant in China.

◎浙江楠

*Phoebe chekiangensis* 樟目樟科楠木属

图 8-5　浙江楠

【**保护等级**】国家二级重点保护野生植物,被列入《中国生物多样性红色名录——高等植物卷(2020)》易危(VU)等级。

【**物种简介**】浙江楠是中国特有珍稀树种。木材坚韧,结构致密,具光泽和香气,是楠木类中材质较优的一种。主干挺直,树冠整齐,枝叶繁茂,又是优良园林绿化树种。

**Protection grade:** Level 2 key wild plant under state protection, vulnerable species (VU) in the *Red List of China's Biodiversity - Higher Plant (2020)*.

**Species introduction:** As China's unique and rare species, it is featured by tough texture, dense structure and has certain luster and fragrance. It is one kind of tree with excellent texture among Phoebe zhennan S. K. Lee trees. With straight trunk, complete crown and luxuriant foliage, it is also an ideal species for landscaping.

○短萼黄连

*Coptis chinensis var. brevisepala* 毛茛目毛茛科黄连属

图 8-6　短萼黄连叶

**【保护等级】**国家二级重点保护野生植物,被列入《中国生物多样性红色名录——高等植物卷(2020)》濒危(EN)等级。

**【物种简介】**我国特有种,根茎为中国传统中药,是历史上备受医家推崇的宣黄连的原植物,药用历史悠久,富含生物碱,药效显著,具有清热燥湿、泻火解毒以及广谱抗生素的作用,且具有抗癌、抗放射及促进细胞代谢等作用,有重要的经济价值。

**Protection grade:** Level 2 key wild plant under state protection, endangered species (EN) in the *Red List of China's Biodiversity - Higher Plant (2020)*.

**Species introduction:** Endemic to China, with roots and stems regarded as traditional Chinese medicine and the original plant of Coptis which is highly praised by ancient doctors with a long history. Rich in Alkaloid, it has significant efficacy in alleviating fever, eliminating dampness, purging fire and detoxifying, and can also be used as wide-spectrum antibiotic. It is also capable of resisting cancer, irradiation and boosting cellular metabolism with vital economic value.

## ◎银钟花

*Halesia macgregorii* 杜鹃花目安息香科银钟花属

图 8-7　银钟花

【保护等级】浙江省重点保护野生植物，被列入《中国生物多样性红色名录——高等植物卷（2020）》近危（NT）等级。

【物种简介】别名假杨桃、山杨桃、银钟树，我国特有种。为速生用材树种，树干通直，可制造家具或农具。边材淡黄色，心材淡红色，纹理致密，有工艺价值。间断分布在中国与北美，对研究中国和北美植物区系有一定的科学价值。叶带红色，花白色，具清香，果形钟状，是优良的绿化观赏树种。

**Protection grade:** key wild plant under the protection of Zhejiang Province, near threatened (NT) species in the *Red List of China's Biodiversity - Higher Plant (2020)*.

**Species introduction:** Also called pseudo carambola, mountain carambola or silver bell tree; endemic to China. As a fast-growing tree, it has straight trunk so as to be used for making furniture or farm tools. It possesses craft value because of its light yellow sapwood, light red heartwood and dense lines, as well as scientific value to study flora region in China and North America for its discontinuous distribution in these two places. With reddish leaves, white flowers, delicate smell and bell-shaped fruits, it is also an ideal species for planting and ornament.

◎ **中华猕猴桃**

*Actinidia chinensis* 杜鹃花目猕猴桃科猕猴桃属

图 8-8　中华猕猴桃的花与叶

【**保护等级**】国家二级重点保护野生植物,被列入《中国生物多样性红色名录——高等植物卷(2020)》无危(LC)等级。

【**物种简介**】我国特有种。果实是猕猴桃属中最大的一种,从生产利用情况说是本属中经济意义最大的一种。果实口感甜酸,风味较好,具有丰富的营养价值,是高级滋补营养品。可鲜食,也可以加工成各种食品、饮料或甜点。整个植株均可入药,根皮、根具有活血化瘀、清热解毒、利湿驱风的作用。

**Protection grade:** Level 2 key wild plant under state protection, Least Concerned (LC) in the *Red List of China's Biodiversity - Higher Plant (2020)*.

**Species introduction:** Endemic to China. Its fruit is the largest one in Actinidia, and also of the greatest economic importance in terms of its production and use. Tasting sweet and sour, the fruit has not only good flavor but also rich nutrition, regarded as a superior nutriment. The fruit can be eaten fresh or processed into various food, beverages or desserts. The whole plant can be used as medicine as its root and root bark have efficacy in stopping bleeding, detumescence, alleviating fever, detoxifying, eliminating and dispelling dampness.

## ◎仙居油点草

*Tricyrtis xianjuensis* 百合目百合科油点草属

图 8-9　花期的仙居油点草

【物种简介】以仙居命名的新物种，多年生草本植物，2012年9月首次被发现于仙居县神仙居景区的一处峭壁上（目前仅此分布），叶片油亮，花朵金黄，具紫红色斑点在里面，直径2.5~3厘米。中国共有7种油点草，仙居油点草是被发现最晚且唯一开黄花的。

【仙居故事】2012年9月，浙江农林大学李根有教授的团队受仙居县林业局之邀到当时还未竣工的神仙居景区（位于后来的仙居国家公园内）进行植物考察。团队成员站在悬崖峭壁上刚完工的栈道上俯视时，发现了峭壁上一小片绿色草丛中隐藏着几株金黄色的花朵。其后，时任仙居县副县长、神仙居景区开发总指挥朱志明为团队成员送来了这种植物的实体。团队成员在研究后初步判断这种植物属于百合科油点草属，但《中国植物志》中并未记载油点草属中有开明黄花的种类。日本虽然有黄花种类分布，但也没有与之完全吻合的品种。经过团队成员的反复研究确认，这种新植物确实是一个未曾记录的种类，因此被命名为仙居油点草。记载该新种的研究论文于2014年在《芬兰植物学杂志》上正式发表，其后又被《浙江植物志》收录。在同次调查中，该研究团队还发现了另一种唇形科新种——仙居鼠尾草。

**Species introduction:** A kind of perennial herb first found on wet steep rocky cliff of the Shenxianju Scenic Area, Xianju County (the only distribution region at present) in September 2012. Flowers bright yellow, diameter 2.5-3 cm, with purple-red spots inside, blooming period august-september.

◎仙居鼠尾草

*Salvia xianjuensis* 管状花目唇形科鼠尾草属

图 8-10　花期的仙居鼠尾草

【物种简介】仙居新种，多年生草本，2012年9月首次发现于仙居县神仙居景区。须根密集，纤细。茎直立，不分枝，钝四棱形，具沟槽，几无毛。叶全部基出，1~2回羽状，羽状复叶具2~5对羽片。花萼钟形，长5~6毫米，能育雄蕊的花药紫色。小坚果长圆形，长约2.5毫米，宽约1.2毫米，浅褐色。花期8~9月，果期9~10月。

**Species introduction:** Xianju sage, a kind of perennial herb first found in Shenxianju Scenic Area, Xianju County in September 2012. Flowers purple, diameter 5~6mm, blooming period august-september.

## ◎ 仙居紫菀

*Aster xianjuensis* 菊目菊科紫菀属

图 8-11　仙居紫菀

【**物种简介**】仙居新种，多年生草本，2016年首次被发现于仙居县神仙居景区，根状茎粗壮，茎直立，高达80cm，具纵棱，被开展的多节柔毛，全部或上部具腺毛，不分枝或自中部以上有上升的分枝。

**Species introduction:** A perennial herb first found in the Shenxianju Scenic Area, Xianju County in 2016. Thick and large rhizomes; straight stem up to 80cm high; longitudinal ridges; expanding pubescence on sections; glandular hairs on the whole or top surface; no branches or only upward branches since the middle-upper part.

## 8.3 蕨类植物（Fern）

◎ **蛇足石杉**

*Huperzia serrata* 石松目石松科石杉属

图 8-12　蛇足石杉

**【保护等级】**国家二级重点保护野生植物,被列入《中国生物多样性红色名录——高等植物卷(2020)》濒危(EN)等级。

**【物种简介】**又名蛇足石松,阴生蕨类植物,全草入药,有清热解毒、生肌止血、散瘀消肿的功效,治跌打损伤、瘀血肿痛、内伤出血,外用治痈疔肿毒、毒蛇咬伤、烧烫伤等。但该品有毒,中毒时可出现头昏、恶心、呕吐等症状。

**Protection grade:** Level 2 key wild plant under state protection, endangered species (EN) in the *Red List of China's Biodiversity - Higher Plant (2020)*.

**Species introduction:** Also called Lycopodium Serratum Thunb, a shade plant of fern. The whole plant can be used as medicine for its efficacy in alleviating fever, detoxifying, regenerating issue, stopping bleeding and detumescence. It can cure injuries, blood stasis, swelling and internal injury bleeding, as well as furuncle, snakebite, burn and scald for external use. However it is also poisonous, which can result in dizziness, nausea, vomiting, etc.

# 第九章
# 仙居的大型真菌多样性

○ 纤细金牛肝菌

*Aureoboletus tenuis* 伞菌目牛肝菌科金牛肝菌属

图 9-1　纤细金牛肝菌

**【保护等级】**被列入《中国生物多样性红色名录——大型真菌卷》DD（数据缺乏）等级。

**【物种简介】**菌盖直径 2～3.5 厘米，初半球形，后凸镜形至近平展，鲜时黏，具明显皱纹或不规则浅网纹，中部棕色至红棕色，渐变淡，由深橘黄色、橙色、橙黄色至淡黄色，初期内卷。菌肉厚 3～4 毫米，柔软，白色至淡黄白色，伤不变色或变淡粉红。

**Protection grade:** Data Deficient (DD) in the *Red List of China's Biodiversity - Macrofungi*.

**Species introduction:** Diameter of cap: 2~3.5cm, hemisphere shape in early-stage and convex lens or nearly flat shape in the later stage; viscous under fresh status with an obvious wrinkle or irregular light reticulate pattern; brown ~ reddish-brown in the middle; the color fades gradually from deep croci, orange, and orange-yellow to light yellow; rolled internally in early-stage; context thickness: 3~4mm, soft, white ~light yellow no color change or pale orchid pink after context damage.

◎ **粉黄黄肉牛肝菌**

*Butyriboletus roseoflavus* 伞菌目牛肝菌科黄肉牛肝菌属

图 9-2　粉黄黄肉牛肝菌

【保护等级】被列入《中国生物多样性红色名录——大型真菌卷》DD（数据缺乏）等级。

【物种简介】菌盖淡褐色或红褐色，菌缘延长向下卷曲，菌肉淡黄色或金黄色，菌孔细小近圆形，黄色。菌柄上部黄色，有网状纹路，下部平滑，褐色，或有黄色粉状物覆盖。担孢子椭圆形，淡黄色，长约10～13微米，宽约3～5微米，孢子印淡黄色。

**Protection grade:** Data Deficient (DD) in the *Red List of China's Biodiversity - Macrofungi*.

**Species introduction:** Color of cap: Hazel or rufous; the edge can be extended and rolled downward; context color: light yellow or golden yellow; the hole is yellow and in small and nearly round shape. The upper part of the stalk is yellow and has a reticulate pattern; the lower part of the stalk is smooth and in brown color or covered by yellow powder. Basidiospore: oval shape, light yellow color, 10~13 microns long, 3~5 microns wide; spore print: light yellow.

◎ 中国胶角耳

*Calocera sinensis* 花耳目花耳科胶角耳属

图 9-3　中国胶角耳

【**保护等级**】被列入《中国生物多样性红色名录——大型真菌卷》无危（LC）等级。

【**物种简介**】子实体高 5~15 毫米，直径 0.5~2 毫米，淡黄色、橙黄色，偶淡黄褐色，干后红褐色、浅褐色或深褐色，硬胶质，棒形，偶分叉，顶端钝或尖，横切面有 3 个环带。子实层周生。

**Protection grade:** Least Concerned (LC) in the *Red List of China's Biodiversity - Macrofungi.*

**Species introduction:** Height of the fruiting body: 5~15mm; diameter: 0.5~2mm; light yellow color, orange-yellow color or tawny occasionally; rufous, light brown or deep brown after becoming dry; hard pectin, rod shape; branch can be seen sometimes; blunt or sharp top; 3 girdles at section.

○ **蝉棒束孢**

*Isaria cicadae* 肉座菌目虫草菌科棒束孢属

图 9-4　蝉棒束孢

【保护等级】被列入《中国生物多样性红色名录——大型真菌卷》DD（数据缺乏）等级。

【物种简介】主要由菌核、孢梗、蝉花孢子粉三部分构成。最外层为乳白色的称为"菌被"的结构，厚约0.5毫米，上品金蝉花该层完整包裹虫体；中间层为蝉幼虫的外壳，中药学名称为"蝉蜕"；最内层为"菌丝体"即由蝉的营养物质转化而成。菌核形状长肾形，微弯曲，长约2.5~3.5厘米，直径1~1.4厘米，形似蝉的幼虫。虫体头部具1~2枚棒状子座也称孢梗束，长条形或卷曲，分枝或不分枝，长3~7厘米，径3~4毫米，原生态蛋清色，干燥后乳白色，也有的为黑褐色，顶端稍膨大，表面有粉状蝉花孢子粉，形似花朵。

**Protection grade:** Data Deficient (DD) in the *Red List of China's Biodiversity - Macrofungi*.

**Species introduction:** It is mainly composed of three parts, i.e., sclerotium, falx and cordyceps sobolifera conidial powder. The utmost milk-white part is of the structure which is called "bed of fungi" (0.5mm). This layer of the high-quality Isaria cicadae Miq covers the body of cicada completely. The middle layer is the shell of the larva and is called "cicada slough" in the TCM field. The inner layer is "mycelium", which is transformed by the nutrient substance of cicada. The sclerotium is in long kidney shape with slight bending status; length: about 2.5~3.5cm; diameter: 1~1.4cm; it seems like the larva of cicada in terms of shape. There is 1 or 2 club stroma at the head of the cicada, and they are also called coremium in long or coiled shape with either branch or no branch; length: 3~7cm; diameter: 3~4mm; original egg white color; milk-white or black brown after becoming dry; the top is a little bit large; on the surface, there is powder cordyceps sobolifera conidial powder seeming like flowers in shape.

◎灵芝

*Ganoderma lucidum* 多孔菌目灵芝科灵芝属

图 9-5　灵芝

【物种简介】子实体中等至较大或更大。菌盖直径 5～15 厘米，厚 0.8～1 厘米，半圆形、肾形或近圆形，木栓质，红褐色并有油漆光泽，具有环状棱纹和辐射状皱纹，边缘薄，往往内卷。菌肉白色至淡褐色，管孔面初期白色，后期变浅褐色、褐色，平均每毫米 3～5 个。菌柄长 3～15 厘米，粗 1～3 厘米，侧生或偶偏生，紫褐色，有光泽。孢子褐色，卵形。在阔叶树伐木桩旁或枯树根上群生等。

**Species introduction:** The fruiting body is in medium or even big size. Diameter of cap: 5~15cm; thickness: 0.8~1cm; semicircle, kidney or nearly round type; suberin; rufous and paint luster; annular ribbon and radiation wrinkle; thin edge and generally rolled inside. Context: White ~light brown; pipe hole surface in white color in early-stage and then light brown and brown in the later stage; quantity per mm: 3~5. Length of the stalk: 3~15cm; thickness: 1~3cm; lateral or sometimes in deflected manner; purple-brown with certain luster. The spore is in brown color and oval shape. Fascicular near cut broad-leaved tree or root of rotten wood.

# 第十章
# 仙居的农业生物多样性

## 10.1 仙居的农业生态系统（Agroecosystem）

◎ 仙居古杨梅群复合种养系统

*Xianju Ancient Bayberry Agroforestry System*

仙居古杨梅群复合种养系统以"梅—茶—鸡—蜂"为核心，通过有机结合的方式构建起一个完整的农业生态系统。2023年，"浙江仙居古杨梅群复合种养系统"被联合国粮农组织正式认定为"全球重要农业文化遗产"。

在该复合种养模式中，杨梅树为核心物种，茶树、土鸡、土蜂为配合物种：杨梅树与茶树有植株落差，杨梅树为茶树提供散射光、阻风抗寒、保水保肥；杨梅林与茶园为土鸡提供活动空间和饲料来源；土鸡的粪便及草本植物的腐殖质能为系统提供优质肥料；土蜂在系统内为蜜源植物授粉，保障生物多样性。这种四种农业物种的相互关系和互利共生，使得整个系统更加稳定和高效。同时，这也是一种传统的因物制宜的农业思想，体现了中国农业的智慧和经验。

The Ancient Bayberry Group Composite Farming System in Xianju takes "bayberry - tea - chicken - bee" as its core, and constructs a complete agricultural ecosystem through an organic combination. In 2023, the "Ancient Bayberry Group Composite Farming System in Xianju, Zhejiang" was officially recognized as a "Globally Important Agricultural Heritage System" by the Food and Agriculture Organization of the United Nations.

In this composite farming model, the bayberry tree is the core species, while the tea tree, native chicken, and native bee are the supporting species. There is a height difference between the bayberry tree and the tea tree. The bayberry tree provides diffused light for the tea tree, blocks wind, resists cold, and conserves water and fertilizers. The bayberry forest and tea garden provide activity space and feed sources for the native chickens. The feces of native chickens and the humus of herbaceous plants can provide high - quality fertilizers for the system. The native bees pollinate the nectar - bearing plants within the system, ensuring biodiversity.

图 10-1　仙居古杨梅群复合种养系统的场景一

第三篇 仙居的生物多样性资源图谱及其仙居故事

图 10-2　仙居古杨梅群复合种养系统的场景二

The interrelationship and mutual symbiosis among these four agricultural species make the entire system more stable and efficient. At the same time, this is also a traditional agricultural concept of adapting to local conditions, reflecting the wisdom and experience of Chinese agriculture.

## 10.2　仙居的特色农业种质资源 Agricultural germplasm resources

◎ **古杨梅**

仙居经过千百年的世代选育与引种工作，积累了数量众多、类型多样、品种丰富的古杨梅种质资源。

据初步调查结果显示，目前发现超过百年树龄的古杨梅树有 13,425 株，其中 200 年树龄以上的有 7,546 株、500 年树龄以上的有 108 株、1000 年树龄以上的有 28 株，光数量就可称得上"世界上最大的古杨梅种质资源库"，且大部分古杨梅成片分布、规模可观。

古杨梅林主要分布在横溪、湫山两个乡镇，共计 13,396 株，以农户沈树福与沈树龙家的古杨梅林规模最大，其余 29 株散布在田市镇、朱溪镇、步路乡、淡竹乡、上张乡等 5 个乡镇。2007 年遗产地核心区发现的"早头""小野乌""小炭梅"和"婆膜爷种"等 4 个品种，全部是当时首次发现、仙居特有的杨梅新品种，书写了中国杨梅品种资源的新历史。

Through centuries of selective breeding and introduction work over generations, Xianju has accumulated a large number of ancient bayberry germplasm resources with diverse types and rich varieties.

Preliminary investigation results show that currently, there are 13,425 ancient bayberry trees over 100 years old. Among them, 7,546 are over 200 years old, 108 are over 500 years old, and 28 are over 1,000 years old. In terms of quantity alone, it can be called "the world's largest ancient bayberry germplasm resource bank", and most of these ancient bayberry trees are distributed in patches with a considerable scale.

The ancient bayberry forests are mainly distributed in two towns, Hengxi and Qiushan, with a total of 13,396 trees. The ancient bayberry forests of Shen Shufu and Shen Shulong's families have the largest scale. The remaining 29 trees are scattered in five towns and townships, namely, Tianshi Town, Zhuxi Town, Bulu Township, Danzhu Township, and Shangzhang Township. In 2007, four varieties, "Zaotou", "Xiaoyewu", "Xiaotanmei", and "Pomoyezhong", were discovered in the core area of the heritage site. All of them were newly discovered at that time and were unique bayberry varieties in Xianju, writing a new chapter in the history of Chinese bayberry variety resources.

图 10-3　仙居古杨梅树

## 仙居的生物多样性和国家代表性

### ◎ 仙居鸡

仙居鸡又称梅林鸡,是浙江省优良的小型蛋用地方鸡种。主要产区在浙江省仙居县及邻近临海、天台、黄岩等县。在中国农业科学院编纂的《中国家禽品种志》所列入的鸡品种中,仙居鸡列在优良地方品种的首位,被誉为"中华第一鸡",并于2006年被收录到《国家级畜禽遗传资源保护名录》。2006年12月,原国家质检总局批准对"仙居鸡"实施地理标志产品保护。2023年9月,经国家知识产权局认定,"仙居鸡"成功注册国家地理标志证明商标。

自2000年始,仙居开展肉用系的选育,至2005年形成了一个品质优良、繁殖性能高、遗传稳定的仙居鸡肉用系。2002年,仙居县建立了品种资源保护场,改变原有的群体选育法保种而采用家系等量随机选配法,建立了30个家系。

目前,仙居鸡已建成1个国家级品种资源保护场、1个省级品种资源保护场。省级保种场——仙昊农业开发有限公司保种30个家系,国家级保种场——浙江省仙居种鸡场保种40个家系,保种工作扎实。从产业角度,仙居已建成省级仙居鸡示范性全产业链,并形成了地理标志产品管理(仙居县人民政府《关于仙居鸡地理标志地域界定的函》(仙政函〔20054号〕)。仙居鸡未来的保护式发展将采取"行业协会+公司(农民专业合作社)+地理标志证明商标+农户"的模式。

The Xianju Chicken, also known as the Meilin Chicken, is an excellent small-sized local egg - laying chicken breed in Zhejiang Province. Its main production areas are in Xianju County, Zhejiang Province, as well as adjacent Linhai, Tiantai, Huangyan and other counties. Among the chicken breeds listed in *"The Breeds of Poultry in China"* compiled by the Chinese Academy of Agricultural Sciences, the Xianju Chicken ranks first among the excellent local breeds, and is known as "the No.1 Chicken in China". In 2006, it was included in the *"National List of Livestock and Poultry Genetic Resources under Protection"*. In December 2006, the former General Administration of Quality Supervision, Inspection and Quarantine approved the implementation of geographical indication product protection for the "Xianju Chicken". In September 2023, as recognized by the National Intellectual Property Administration, the "Xianju Chicken" successfully registered as a national geographical indication certification trademark.

Since 2000, Xianju has carried out the breeding of the meat - use line. By 2005, a meat - use line of Xianju Chicken with excellent quality, high reproductive performance and stable genetics had been developed. In 2002, Xianju County established a breed resource conservation farm. Instead of the original population selection method for breed conservation, the method of random mating with equal quantity in families was adopted, and 30 families were established.

At present, for the Xianju Chicken, one national - level breed resource conservation farm and one provincial - level breed resource conservation farm have been established. The provincial - level conservation farm, Xianhao Agricultural Development Co., Ltd., conserves 30 families, and the national - level conservation farm, Xianju Breeding Chicken Farm in Zhejiang Province, conserves 40 families. The breed conservation work is solid. From an industrial perspective, Xianju has established a provincial - level demonstration whole - industry chain for the Xianju Chicken, and formed the management of geographical indication products (the Letter of the People's Government of Xianju County on the Geographical Definition of the Geographical Indication of Xianju Chicken (Xianzheng Han〔2005〕No.4)). In the future, the protective development of the Xianju Chicken will adopt the

## 仙居的生物多样性和国家代表性

仙居鸡（公鸡）　　　　　　　仙居鸡（母鸡）

图 10-4　典型的仙居鸡

model of "industry association + company (farmer professional cooperative) + geographical indication certification trademark + farmers".

### 专栏3　仙居的农业生物多样性与长江中下游早期稻作农业社会遗址

农业生物多样性不仅是农业文明发展的重要依托，也在工业文明和生态文明中起到了重要的作用。例如，为中国奠定世界杂交水稻王者地位的三系杂交法，如果没有在海南三亚发现的野生水稻雄性不育株就无法从理论变为实践。在农业起源的研究中，农业生物多样性也一直是主旋律，这方面仙居也有重要的国家代表性，尤其在稻作农业社会起源证据上。

20世纪70年代以来，随着长江流域一系列稻作遗存的发现，学界提出了水稻起源于长江中下游的观点。相关研究目前已基本廓清了稻作农业起源与发展的过程，但对其背后的早期社会则知之不多、证据不系统。为了探索早期稻作农业社会的形成和发展过程，理解稻作文明的特质，在国家文物局的支持下，浙江、湖南、江西三省联合申报了"考古中国——长江中下游早期稻作农业社会的形成研究"课题，浙江仙居下汤遗址就是其中的重要支撑点。

仙居下汤遗址，位于浙江省台州市仙居县横溪镇下汤村（地理位置见图10-5，村落面貌见图10-6），发现于1983年，1989年被公布为省级文物保护单位，面积约40000平方米，文化层厚2米左右，包括上山文化、跨湖桥文化、河姆渡文化、好川文化四个阶段，以上山文化为主，年代距今约4000~10000年。上山文化—跨湖桥文化时期环壕，是这一时期聚落结构的重要突破；好川文化水田属首次发现，为了解当时的稻作农业和水田管理提供了重要实证。科学家在下汤遗址生土层中发现了距今2.7万~4万年的野生稻，遗址具有连续的考古学文化，经历了从稻作农业起源阶段到新石器晚期农业高度发达的整个发展历程，为研究稻作农业起源和万年稻作农业史提供了重要材料，即仙居下汤遗址是中国万年稻作农业史不可或缺的物证，这是仙居在稻作文化上的国家代表性。下汤遗址也是万年浙江的源头实证，其比早负盛名的河姆渡遗址早3000年。而且，下汤遗址考古成果展现出相对完整的定居社会特征，揭示了长江下游早期稻作农业社会的基本面貌，为上山文化申报世界文化遗产提供了重要的学术支撑：下汤遗址和浙江省另外5处上山文化遗址一起共同申报世界文化遗产（上山文化遗址的分布情况见图10-7，下汤遗址是其中的点位17），"稻作农业起源"正是这个文化遗产的突出普遍价值（OUV, outstanding universal value）。

2021年，国家博物馆举办了"稻·源·启明——浙江上山文化考古特展"（见图10-8）。仙居下汤遗址出土的33件代表性文物在其中展出。其后，下汤遗址入选了2024年度全国十大考古新发现初评候选项目名单。

有了下汤遗址，不仅可以说仙居的农业生物多样性在世界的稻作文化和中国的农业文明证据中有一席之地，还可以说仙居今天丰富的农业生物多样性是"得天独厚、系出名门"。

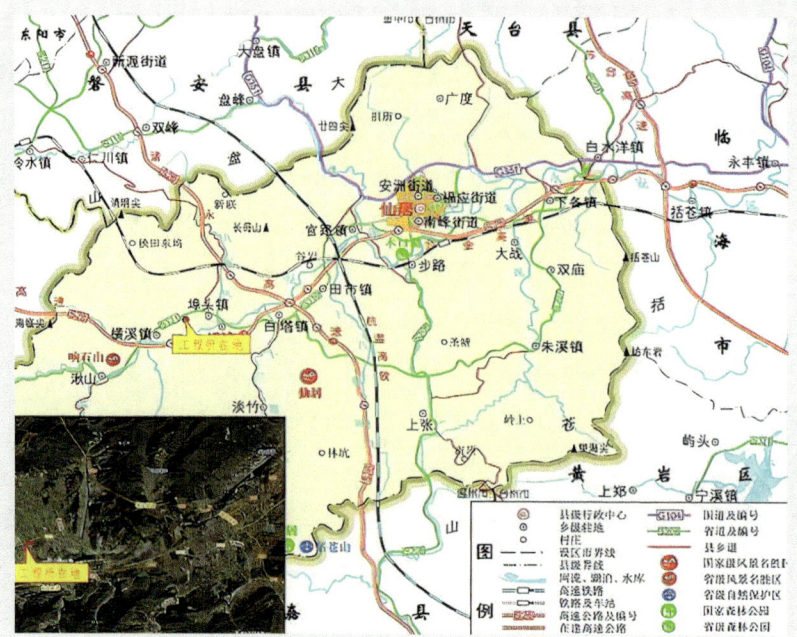

图 10-5　下汤遗址考古相关工程所在位置

图 10-6　今天的下汤村面貌

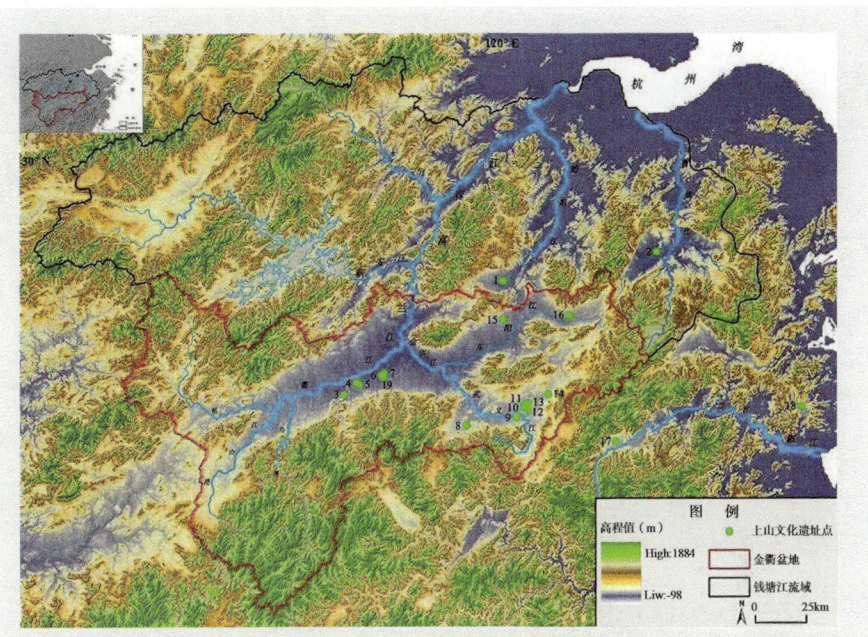

图 10-7　上山文化遗址在浙江省的分布情况

图 10-8　2021 年在国家博物馆举办的"稻·源·启明——浙江上山文化考古特展"

**附件：**

**党的二十届三中全会《中共中央关于进一步全面深化改革、推进中国式现代化的决定》相关内容与《中国生物多样性保护战略与行动计划》《昆明－蒙特利尔全球生物多样性框架》的对比**[①]

| 党的二十届三中全会《决定》 | 《行动计划》 | | "昆蒙框架" |
|---|---|---|---|
| | **优先领域一**：生物多样性主流化；<br>**优先领域四**：生物多样性治理能力现代化 | | **3. 执行工作和主流化的工具和解决方案** |
| 推进生态环境治理责任体系、监管体系、市场体系、法律法规政策体系建设。<br>建立生态环境保护、自然资源保护利用和资产保值增值等责任考核监督制度。<br>强化生物多样性保护工作协调机制。 | **优先行动1**：生物多样性政策法规体系<br>**优先行动2**：生物多样性治理体制机制<br>**优先行动3**：生物多样性规划计划体系<br>**优先行动22**：生物多样性评估<br>**优先行动23**：生物多样性执法监督 | | **行动目标14**：确保将生物多样性及其多重价值观充分纳入各级政府和所有部门特别是对生物多样性有重大影响的部门的政策、法规、规划和发展进程、消除贫困战略、战略环境评估、环境影响评估，并酌情纳入国民核算，逐步使所有相关的公共和私人活动、财政和资金流动与《昆蒙框架》的长期目标和行动目标相一致。 |

---

[①] 党的二十届三中全会《中共中央关于进一步全面深化改革、推进中国式现代化的决定》相关内容以下简称"党的二十届三中全会《决定》"，《中国生物多样性保护战略与行动计划》以下简称"《行动计划》"，《昆明－蒙特利尔全球生物多样性框架》，以下简称"昆蒙框架"。

续表

|  |  |  |
|---|---|---|
|  | **优先行动 5**：企业与生物多样性 | **行动目标 15**：采取法律、行政或政策措施，鼓励和推动企业，特别是确保所有大型跨国公司和金融机构：<br>（a）定期监测、评估和透明地披露其生物多样性风险、依赖程度和影响，包括对所有大型跨国公司和金融机构及其运营、供应链和价值链和投资组合的要求；<br>（b）向消费者提供所需信息，促进可持续的消费模式；<br>（c）酌情报告遵守获取和惠益分享法规和措施的情况；<br>以逐步减少对生物多样性的不利影响，增加有利影响，减少企业和金融机构的生物多样性风险，并促进有利于可持续生产模式的措施。 |
| 健全绿色消费激励机制，促进绿色低碳循环发展经济体系建设。 | **优先行动 6**：生物多样性保护全民行动 | **行动目标 16**：通过制定支持性政策、立法或监管框架，改进教育和提供相关准确信息和其他选择等措施，鼓励人们并使其能做出可持续的消费选择，到2030年以公平的方式减少全球消费足迹，包括将全球粮食浪费减半，大幅减少过度消费，大幅减少废物产生，使所有人都能与地球母亲和谐相处。 |
| 健全生物安全监管预警防控体系。 | **优先行动 12**：生物安全管理<br>**优先行动 19**：生物遗传资源获取与惠益分享<br>**优先行动 20**：传统知识保护与传承 | **行动目标 17**：所有国家加强能力，制定和执行《生物多样性公约》第 8（g）项① 所述生物安全措施和第 19 条② 所述生物技术处理和惠益分配措施。 |

① 《生物多样性公约》（CBD）的 8（g）项为："依照国家立法，尊重、保存和维持土著和地方社区体现传统生活方式而与生物多样性的保护和持续利用相关的知识、创新和实践并促进其广泛应用，由此等知识、创新和实践的拥有者认可和参与下并鼓励公平地分享因利用此等知识、创新和做法而获得的惠益。"

② 《生物多样性公约》（CBD）第 19 条为生物技术的处理及其惠益的分配。1. 每一缔约国应酌情采取立法、行政和政策措施，让提供遗传资源用于生物技术研究的缔约国，特别是其中的发展中国家，切实参与此种研究活动；可行时，研究活动宜在这些缔约国中进行。2. 每一缔约国应采取一切可行措施，以赞助和促进那些提供遗传资源的缔约国，特别是其中的发展中国家，在公平的基础上优先取得基于其提供资源的生物技术所产生的成果和惠益。此种取得应按共同商定的条件进行。3. 缔约国应考虑是否需要一项议定书，规定适当程序，特别包括事先知情协议，适用于可能对生物多样性的保护和持久使用产生不利影响的由生物技术改变的任何活生物体的安全转让、处理和使用，并考虑该议定书的形式。4. 每一个缔约国应直接或要求其管辖下提供以上第 3 款所指生物体的任何自然人和法人，将该缔约国在处理这种生物体方面规定的使用和安全条例的任何现有资料以及有关该生物体可能产生的不利影响的任何现有资料，提供给将要引进这些生物体的缔约国。

续表

| | | |
|---|---|---|
| | 优先行动 13: 环境质量改善 | 行动目标 18: 到 2025 年,以相称、公正、正当、有效和公平的方式确定并消除、逐步淘汰或改革激励措施,包括对生物多样性有害的补贴,同时逐步大幅减少这些激励措施,到 2030 年每年至少减少 5000 亿美元,首先减少最有害的激励措施,扩大有利于生物多样性保护和可持续利用的积极激励措施。 |
| | 优先行动 26: 多元化投融资机制 | 行动目标 19: 根据《生物多样性公约》第 20 条,以有效、及时和容易获得的方式逐步大幅增加所有来源的财务资源量,包括国内、国际、公共和私人资源,以执行国家生物多样性战略和行动计划,到 2030 年每年至少筹集 2000 亿美元。 |
| 健全生态环境监测和评价制度。 | 优先行动 21: 生物多样性调查监测<br>优先行动 27: 国际履约与合作 | 行动目标 20: 加强能力建设和发展,加强技术获得和转让,促进创新和科技合作的发展和获得,包括为此开展南南合作、南北合作和三边合作,以满足有效执行的需要,特别是满足发展中国家的这种需要,促进联合技术开发和联合科研方案,保护和可持续利用生物多样性,加强科研和监测能力,与"昆蒙框架"的长期目标和行动目标的雄心相称。 |
| 强化生物多样性保护工作协调机制。 | 优先行动 4: 生物多样性宣传教育<br>优先行动 6: 生物多样性保护全民行动 | 行动目标 21: 确保决策者、从业人员和公众能够获取最佳现有数据、信息和知识,以便指导实现生物多样性的有效公平治理和综合、参与式管理,加强传播、提高认识、教育、监测、研究和知识管理,以及在这种情况下,应遵循国家法律,仅在得到其自由、事先知情同意的情况下获取土著人民和地方社区的传统知识、创新、做法和技术。 |
| | 优先行动 6: 生物多样性保护全民行动 | 行动目标 22: 确保土著人民和地方社区以及妇女和女童、儿童和青年、残疾人在决策中有充分、公平、包容、有效和促进性别平等的代表权和参与权,有机会诉诸司法和获得生物多样性相关信息,尊重他们的文化及其对土地、领地、资源和传统知识的权利,确保充分保护环境人权维护者。 |
| | 优先行动 6: 生物多样性保护全民行动 | 行动目标 23: 在"昆蒙框架"执行过程中采用促进性别平等的方法确保性别平等,确保妇女和女童有平等的机会和能力为《生物多样性公约》的三项目标做贡献,包括承认妇女和女童应有平等的权利和机会获得土地和自然资源,以及在与生物多样性有关的行动、接触、政策和决策的所有层面充分、公平、有意义和知情地参与和发挥领导作用。 |

续表

| | 优先领域二：应对生物多样性丧失威胁 | 1. 减少对生物多样性的威胁 |
|---|---|---|
| 建立健全覆盖全域全类型、统一衔接的国土空间用途管制和规划许可制度。落实生态保护红线管理制度。 | **优先行动7**：生态空间保护 | **行动目标1**：确保所有区域处于解决土地和海洋利用变化的参与性、综合性、涵盖生物多样性的空间规划和/或其他有效管理进程之下，到2030年使具有高度生物多样性重要性的区域包括具有高度生态完整性的生态系统的丧失接近于零，同时尊重土著人民和地方社区的权利。 |
| 落实生态保护红线管理制度，健全山水林田湖草沙一体化保护和系统治理机制，建设多元化生态保护修复投入机制。 | **优先行动8**：生态系统恢复 | **行动目标2**：确保到2030年，至少30%的陆地、内陆水域、海洋和沿海生态系统退化区域得到有效恢复，以增强生物多样性和生态系统功能和服务、生态完整性和连通性。 |
| 全面推进以国家公园为主体的自然保护地体系建设。推动重要流域构建上下游贯通一体的生态环境治理体系。 | **优先行动9**：生物多样性就地保护 | **行动目标3**：到2030年，确保和促使至少30%的陆地和内陆水域、海洋和沿海区域，特别是对生物多样性和生态系统功能和服务特别重要的区域处于具有生态代表性、连通性良好、公平治理的保护区系统和其他有效区域保护措施的有效保护和管理之下，酌情承认土著和传统领地，使其融入更广泛的陆地景观和海洋景观，同时酌情确保这些区域的可持续利用活动完全符合保护成果，承认和尊重土著人民和地方社区的权利，包括对其传统领地的权利。 |
| | **优先行动10**：生物多样性迁地保护 | **行动目标4**：确保采取紧急管理行动，停止人为导致的已知受威胁物种的灭绝，实现物种特别是受威胁物种的恢复和保护，大幅度降低灭绝风险，维持本地物种的种群丰度，维持和恢复本地、野生和驯化物种之间的遗传多样性，保持其适应潜力，包括为此实行就地和移地保护和可持续管理做法，并有效管理人类与野生动物的互动，减少人类与野生动物的冲突，以利共处。 |
| | **优先行动11**：野生物种可持续管理 | **行动目标5**：确保野生物种的使用、采猎、交易是可持续的、安全的、合法的，防止过度开发，减少对非目标物种和生态系统的影响，减少病原体溢出的风险，采用生态系统方法，同时尊重和保护土著人民和地方社区的可持续习惯使用。 |
| | **优先行动12**：生物安全管理 | **行动目标6**：通过确定和管理外来物种的引进途径，防止重点外来入侵物种的引进和建群，消除、尽量降低、减少和/或减轻外来入侵物种对生物多样性和生态系统服务的影响，到2030年，将其他已知或潜在外来入侵物种的引进和建群率至少降低50%，消除或控制外来入侵物种，特别是在岛屿等重点地带这样做。 |

续表

| | | |
|---|---|---|
| 建立新污染物协同治理和环境风险管控体系，推进多污染物协同减排。 | **优先行动13**：环境质量改善 | **行动目标7**：考虑到累积效应，到2030年将所有来源的污染风险和不利影响减少到对生物多样性和生态系统功能和服务无害的水平，包括：（a）把流失到环境中的过量养分减少至少一半，包括提高养分循环和利用的效率；（b）总体上将有关使用农药和剧毒化学品的风险减少至少一半，以科学为根据，考虑到粮食安全和生计；（c）防止、减少和努力消除塑料污染。 |
| 完善适应气候变化工作体系。 | **优先行动14**：生物多样性与气候变化协同治理 | **行动目标8**：通过缓解、适应和减少灾害风险行动，包括通过基于自然的解决方案和/或基于生态系统的方法，最大限度地减少气候变化和海洋酸化对生物多样性的影响，提高其复原力，同时减少气候行动对生物多样性的不利影响并促进积极影响。 |

续表

| | 优先领域三：生物多样性可持续利用与惠益分享 | 2. 通过可持续利用和惠益分享满足人类需求 |
|---|---|---|
| | **优先行动 15**：种质资源可持续利用 | **行动目标 9**：确保野生物种的管理和利用可持续，从而为人，特别是处境脆弱和最依赖生物多样性的人提供社会、经济和环境福利，包括通过可持续的生物多样性活动，能增强生物多样性的产品和服务，保护和鼓励土著人民和地方社区的可持续惯使用。 |
| 加快完善落实绿水青山就是金山银山理念的体制机制。<br>健全生态产品价值实现机制。 | **优先行动 16**：农林牧渔可持续管理 | **行动目标 10**：确保农业、水产养殖、渔业和林业区域得到可持续管理，特别是通过可持续利用生物多样性，包括通过大幅度增加生物多样性友好做法的应用，如可持续集约化，农业生态和其他创新方法，促进这些生产系统的复原力和长期效率和生产力，促进粮食安全，保护和恢复生物多样性，维持自然对人类的贡献，包括生态系统功能和服务。 |
| 健全生态产品价值实现机制。 | **优先行动 17**：生态产品价值实现 | **行动目标 11**：恢复、维持和增进自然对人类的贡献，包括生态系统功能和服务，例如调节空气、水和气候、土壤健康、授粉和减少疾病风险，以及通过基于自然的解决方案和/或基于生态系统的方法造福人类和自然。 |
| 建立可持续的城市更新模式和政策法规，深化城市安全韧性提升行动。 | **优先行动 18**：城市生物多样性 | **行动目标 12**：通过将生物多样性的保护和可持续利用纳入主流，可持续地大幅提高城市和人口密集地区绿色和蓝色空间的面积、质量、连通性、可达性和益处，确保城市规划涵盖生物多样性，增强本地生物多样性、生态连通性和完整性，改善人类健康和福祉以及与自然的联系，促进包容性和可持续城市化以及生态系统功能和服务的提供。 |
| | **优先行动 19**：生物遗传资源获取与惠益分享<br>**优先行动 20**：传统知识保护与传承 | **行动目标 13**：根据适用的获取和分享惠益国际文书，酌情在各层面采取有效的法律、政策、行政和能力建设措施，确保公正公平地分享利用遗传资源和遗传资源数字序列信息以及与遗传资源相关的传统知识所产生的惠益，便利适当获取遗传资源，到 2030 年大幅增加分享的惠益。 |

**特别声明：**

本书中的少量图片尚未联系到拍摄者，欢迎相关图片版权所有者联系商谈授权事宜，联系方式：suyang1@263.net。